绿手指玫瑰大师系列

*NHK* 趣味の园艺

# 人气玫瑰月季盆栽入门

木村卓功 著
陶 旭 译

How to
Grow and Care for
Potted Roses

长江出版传媒
湖北科学技术出版社

从 2010 年绿手指首次引进了日本武藏出版社的《玫瑰花园》一书，不知不觉中已经过去 6 年时间。在这 6 年中，国内的园艺界发生了翻天覆地的变化，家庭园艺进一步普及，玫瑰与月季爱好者与日俱增，每年冬季都有大批玫瑰进口苗涌入。英国苗、法国苗、德国苗以及之后盛行的日本苗，我国的玫瑰品种已经多到不输于任何一个园艺发达国家。

曾经在《玫瑰花园》里还是那么陌生拗口的品种名，如今已经被花友津津乐道；曾经在高端品种收藏家中也一苗难求的奥斯汀玫瑰，如今也身价一降再降，出现在街头巷尾的寻常花市。

而我作为深爱玫瑰的一员，也在这普及大潮中随波逐流，强迫症般地买买买和种种种，新品种堆满了花园中的每个角落，等到冷静下来回首满目疮痍的花园，才发现很多花苗没有得到呵护就因为各种原因死死死，很多品种甚至没有真正得到发挥光彩的机会就被换换换。直到家中的玫瑰品种减少到一半，我才真正开始认真思考，在买买买之后是否该花点时间学习怎么买，在种种种之后是否该花点时间学习怎么种呢？

抱着这个目的，2014 年春季我和绿手指编辑部的成员同去日本参观了日本玫瑰园艺展，并游览了数个以玫瑰为主题的花园，之后又到书店和出版社与日本园艺界的同仁交流洽谈，经过慎重的挑选和协商，最终才决定引进这套《绿手指玫瑰大师系列》丛书。

第一辑丛书共有 4 本，分别是面对初级爱好者的《玫瑰月季栽培 12 月计划》和《人气玫瑰月季盆栽入门》，以及针对中级爱好者的《大成功！木村卓功的玫瑰月季栽培手册》和《全图解玫瑰月季爆盆技巧》。

《玫瑰月季栽培 12 月计划》是由老牌园艺杂志 NHK《趣味园艺》出版，作者小山内健来自关西地区著名的京阪玫瑰园，长期在 NHK 的电视教学节目中教授玫瑰的栽培和修剪课程。全书以课程形式分季节和月份展开，还附带一目了然的玫瑰栽培月历。本书的特点是通过大量简明易懂的手绘图来说明。例如，在其他的入门书可能会常常见到"在花后轻度修剪"这类表述，那么所谓"轻度"到底轻到什么程度？如果剪重了又会怎样？或者"买回小苗后要摘取花蕾"，那为什么又要摘掉这珍贵的花蕾呢？像这样的问题，在书中都可以找到满意的答案。

《人气玫瑰盆栽入门》的作者木村卓功是日本新晋的玫瑰育种家，可能很多园

艺爱好者已经栽种过他培育的品种：'雪拉莎德'（又名'天方夜谭'）'蓝色天空'和'守护家园'（又名'宜家'）。木村先生不仅是一位出色的育种家，还拥有日本最大的专业园艺网店："玫瑰之家"。作为一名出色的玫瑰育种者和经营者，他最有希望成为日本的奥斯汀。书中木村卓功提出了他独有的分类方法：按照玫瑰的栽培难易程度来分成4类，有针对性地进行不同的管理。例如，针对第1类的"女汉子"类型，就完全颠覆了大肥大水的传统栽培观念，这个类别的玫瑰既不能够大肥大水、也不需要打药，采用近似有机栽培的方法反而是开出繁花的捷径。这种从栽培者角度出发的分类彻底改变了过去园艺界学究气的分类方式。读完此书后，会让人立刻有一种醍醐灌顶的感觉，难以想像只是改变一下思考的角度，竟能使栽培中遇到的很多问题迎刃而解。

两本中级读物中的《全图解玫瑰月季爆盆技巧》作者铃木满男是京成玫瑰园的首席专家，大多数玫瑰爱好者都应该听说过日本京成玫瑰园的大名。这本书类似我们传统的栽培技术书，中规中矩地阐述了栽培中的各种要领和关键技巧。尤其可贵的是本书附有无微不至的详尽说明和大量的实际操作图片。例如，修剪玫瑰的过程，会拍到枝条的每一个细节，甚至细致到园艺剪刀的朝向，让读者如临现场般亲睹大师的操作要领。即使是完全没有经验的新手也可以立刻依葫芦画瓢学习上手，而资深高手也会发现很多日常管理中没有注意的小细节，可谓技术派必备的工具书。

另一本《大成功！木村卓功的玫瑰月季栽培手册》依然来自木村卓功，与前一本初级版的《人气玫瑰月季盆栽入门》不同，本书涉及的范围更广，从玫瑰的历史到育种的经验之谈，从品种的选择到花园中每个场景的运用要诀，木村大师畅谈了玫瑰栽培的方方面面。书中处处可见来自实践操作的真知灼见，堪称这位玫瑰大师的集大成之作。

在翻译这4本书的时候我发现日本的园艺家们提出了很多我们平时还没有关注到的问题，这些问题恰好是很多人在栽培时容易产生困惑的地方，在此我简单列举如下，以便大家在阅读时留意。

## 1."欧月"既不是药罐子，也不是肥篓子

从2009年后，我国开始流行英国奥斯汀玫瑰以及一些欧洲和日本的新品种，很多人称之为"欧月"，反之将此前国内常见的杂交茶香月季称为"国月"。这种称呼会让人产生误解，认为它们都是"月季"，在栽培和管理上没有什么不同。

关于"国月"的栽培有一首打油诗："它是一个药罐子，也是一个肥篓子，冬天剪成小和尚，春天开成花姑娘。"但是，以奥斯汀品种为代表的"欧月"，株形更多样、开花习性也更复杂，管理手法上如果采取针对杂交茶香月季的大肥、大水、大药和一刀切式强剪，就很难发挥出它的优势。这也就是为什么奥斯汀玫瑰在国内引进极多，但种出效果的花园并不多见的原因吧。

在栽培"欧月"时请首先记住的一条就是："欧月"既不是药罐子，也不是肥篓子，冬天剪成小和尚，春天可能还是一个小和尚。

## 2.一年之计在于夏

四季分明的温带环境对玫瑰的生长是最有利的，在园艺和玫瑰大国的英国，夏季是玫瑰最好的时节。

而在我国的长江流域，夏季却代表漫长的梅雨和之后难耐的高温，不仅所有的春花在入夏后都会停止生长或变形，由黑斑病或红蜘蛛引起的落叶还会让植株衰弱，导致开不出秋花，更严重时还可能导致植株死亡。所以，对我们而言，夏季不单毫无美好可言，简直是个危机重重的季节。

在这个系列丛书里，同样为这种气候条件烦恼的日本园艺家们提出了很多度夏的精到见解，例如针对盆栽玫瑰进行地表隔离操作防止高温伤害根系、进行适度的夏季修剪来放弃夏花保秋花等等。同时，他们也指出了很多我们在栽培时常犯的错误，例如把黑斑病的所有叶片都剪除，会严重伤害植物，是不可取的做法。

春季的花朵令人陶醉，冬季的修剪也让人向往，但是夏季的避暑措施，才是玫瑰管理中的重中之重。记住，最可恶的季节恰好是最重要的季节。

## 3."牙签－卫生筷－铅笔"的修剪方法

很多园艺爱好者在最初接触玫瑰时，都会被复杂的修剪方法难住，结果不是拿起剪刀无从下手，就是干脆拦腰一刀，将玫瑰剪成"小光头"。

翻阅这几本书时，我发现几位大师都不约而同地介绍了一个有趣的修剪标准——按照不同的品种来针对不同粗细的枝条进行修剪，即对小花型品种的枝条剪到牙签粗细的位置、对中花型品种的枝条剪到卫生筷粗细的位置、对大花型品种的剪到铅笔粗细的部分。

记住"牙签－卫生筷－铅笔"，在冬季修剪的时候就不会再拿着剪刀就犯愁了。

## 4.为什么叫玫瑰而不是月季？

在这套《绿手指玫瑰大师系列》丛书中介绍的不仅有传统的杂交茶香月季，也包括了大量的原生蔷薇和古典玫瑰。因此，需要找一个词来代表所有蔷薇属植物，也就是来翻译英语里的 ROSE，日语的 BARA，最后，我们选择了玫瑰。

作为目前这个时代人们最爱的花卉（没有之一），玫瑰不仅仅是一种园艺植物，也是一种文化植物，它除了具有本身生物学上的特性，也包含了更多丰富的文化意味。如果玫瑰无法代表对爱与美的向往，还会有几个人种玫瑰呢？

不过，月季迷和科学控可以放心，这套丛书在分类部分的记述都是很明确的，绝对不会外行到把杂交茶香月季或中国月季叫作杂交茶香玫瑰和中国玫瑰的。

每个人心中都有一座玫瑰园。付出爱，收获美，这一定就是我们为什么要种玫瑰的原因。

要知道结果，就立刻翻开书吧！

药草花园

各位中国的玫瑰爱好者，初次和你们联系。

本次得知我的书籍中文版发售，非常高兴。

玫瑰的近代育种是在法国从 200 年前开始的，然后传遍整个欧洲，最后经由美国到了日本。

在这 200 年的育种中，玫瑰的花色、花形、香气和株型都不断进化。今日，这些深富魅力的花儿让无数人为之倾慕。

玫瑰都是以北半球的野生种及之后的园艺种为基本杂交而成的。

其中中国自古就有的野生种和栽培种带来了稳定的四季开放性，也带来了尖形的花瓣以及茶香的香气。

现在，玫瑰穿越了数百年的时光，环绕了地球一周，再次回到了中国的各位花友手中。

玫瑰在众多的花卉中被称为女王，具有其他花卉所没有的华美和绚丽。

但是我认为玫瑰的魅力远不止于此。

现代人每天都在充满压力的生活中忙碌着，在这样的生活中，闻闻亲手栽培的玫瑰花香，会发现那个已然忘掉日常烦恼、只为眼前这朵玫瑰着迷的自己，从而身心得到治愈。

所以一定要种一次玫瑰。

这本书里，我简明地写到了栽培玫瑰方法和品种的选择方法。

经过你辛勤地培育，当最初的玫瑰绽放时，凝视着它，嗅嗅芳香。

你一定会感觉到人生中有玫瑰真是太好了。

木村卓功

**NHK 趣味の园艺**

# 人气玫瑰月季盆栽入门
## *Contents*

## 第一章　推荐盆栽的玫瑰

## 第二章　了解玫瑰基础知识

## 第三章　了解栽培基础知识

摄影：鹈饲寿子

你知道吗？
当年约瑟芬皇后钟爱的
马美逊玫瑰花园
就是一处盆栽玫瑰园！

---

　　一直以来，玫瑰时而抚慰人们的内心，时而又让人为之发狂，俘虏了无数人的心。如果讲起历史上具有丰富文化内涵的佳话，则不得不提到拿破仑一世的妻子约瑟芬皇后了。她从世界各地收集珍奇的玫瑰品种，邀请园艺家潜心研究，还请宫廷画师雷杜德（1759—1840）绘制了植物图谱。约瑟芬皇后几乎可以称为是玫瑰之母，玫瑰园艺家们也都对她心存崇敬之感。

　　如果告诉你约瑟芬皇后收集的珍贵的玫瑰品种都是用花盆栽培的，你会不会觉得有些意外呢？　虽然一些法国本土的早期古典玫瑰如百叶蔷薇（*Rosa centifolia*）和法国蔷薇（*Rosa gallica*）等是和其他草花一起栽在庭院里的，但实际上这里并不是华丽的地栽玫瑰园，而是将大部分的玫瑰都种植在花盆中来管理的盆栽玫瑰园。

　　我想，这应该是因为盆栽更利于分别照顾这些从世界各地收集来的玫瑰品种吧。这样可以按照每个品种的特性而相应选择土壤、花盆的大小形状等，并且在天冷的时候可以移入温室而防止植株受寒枯萎等情况。想来在雷杜德绘制图谱的时候还可以把盆栽放在易于观察的地方，这样应该更有利于绘制出精细的效果来。而从杂交育种的技术方面讲，如果盆栽的话杂交后的植株也更易于坐果。

　　也正是从这时起，玫瑰的盆栽历史就此拉开序幕了。无论是当年还是现在，将盛开的盆栽玫瑰摆放在易于观赏的位置，都是方便近距离地感受玫瑰之美的好办法。而在普通人家很难拥有大花园的地方，盆栽更是可以自己栽培品种玫瑰的好选择。下面，本书就为大家介绍用花盆来培育出魅力四射的玫瑰的方法。

这幅画中的中国古老月季品种的花色和叶形是之前法国没有的，画中不仅体现了花的美丽，甚至将叶柄根部的托叶部分和花萼部分也都勾画得非常细致准确。

山内浩史设计室藏品

*Rosa Indica Cruenta.*

*Rosier du Bengale à fleurs pourpre de sang.*

H.Ukai

左／花形为莲座状的'粉妆楼'（Clotilde Soupert）（第2类），刺少且株型紧凑，是非常适宜盆栽的品种。
右／香味浓郁的大马士革古典玫瑰'格伦多拉'（Joasine Hanet）（第1类）。

# 用玫瑰打造生活的美好心境

## 盆栽的独有魅力！

### 通过盆栽可以有效把控玫瑰的生长

很多人梦想拥有一座玫瑰花园，但实际上栽种后发现植株越来越大，有的时候打理起来非常辛苦。这种情况下建议用花盆来栽培玫瑰，这样一来，可以在阳台、露台、小庭院或是门廊的一角安排她们，轻松过上有玫瑰相伴的生活。通常，根部的伸展空间等于株型的大小，所以可以通过选取花盆的大小来把控玫瑰的株型规模。

### 有些玫瑰品种更适合盆栽

应该还是有些人认为"玫瑰很难种吧？"确实是有一些培育难度比较大的品种，但总体来看，玫瑰品种中也有很多容易栽培的类型。可以先从这些栽培难度与普通草花差不多的品种开始慢慢了解基本种养方法，之后再逐步挑战相对比较难一些的品种。通常越是难于栽培的品种越是适合种在盆中，这样更易于调节环境和方便日常打理。

### 让玫瑰来到生活之中，体味栽培的乐趣

不单单是观花，而是让玫瑰融入自己的生活之中，见证她的成长过程也正是了解玫瑰的最好方式。提高玫瑰栽培水平不仅要注重关键的几个"点"，而且还要以"线"的形式与她亲密接触。

通过每天的观察，可以发现新芽和叶片着色等健康状态的变化，也就可以根据实时的情况配合水肥管理，这样即使是很难栽培的品种也能养得非常绚烂。

当朝夕相处的玫瑰长出花蕾并在开放时所获得的满足感、闻着花香而带来的愉悦心情对于栽培植物的人来说，无疑是最幸福的回报了吧！

这是颇具人气的杯状大花品种'龙沙宝石'（Pierre de Ronsard）。属于不太需要费心打理也可以开得非常漂亮的第2类藤本月季品种。

盆栽玫瑰月季的

5项守则

木村秘籍

*Rule*

# 1

## 多观察

玫瑰的新芽和叶子的颜色可以反映植株的健康状况。通常病虫害也是从新芽和叶子先开始显现出来的。所以要每天观察自己的玫瑰，如果感觉活力不足就要调整施肥方法，如果发现病虫害就要及时用药，这样就可以培育出健康的玫瑰来了。

*Rule*

# 2

## 根据类型
## 采用不同的管理方法

本书根据植株长势及抗病性将玫瑰分为4种类型。其中第2类玫瑰是最强壮也是最好栽培的，而第4类则是栽培难度大而且最细弱的玫瑰品种了。我们需要根据每类的特性而变换管理方法（包括水肥控制、用药等），这样就可以配合玫瑰植株的体质来找到最适合的栽培方法。

## *Rule* 3

### 根据株型分类适当修剪

玫瑰的株型通常有直立型、灌木型、藤蔓型几种，我们要根据各种株型的特性进行修剪和牵引，这样可以充分发挥株型本身的美感和有效促进开花效果。

## *Rule* 5

### 肥料和水分
### 不能过多

急于求成而施肥过多，可能造成植株虚弱反而使病虫害乘虚而入；而浇水过多也容易导致根部窒息而发生腐烂。栽培玫瑰的终极状态就是要忍住自己的过度关爱之心，静静地耐心培育守护。另外，在植株比较小的阶段还要注意避免因大量开花而消耗植株的过多养分，3年之内的苗要优先打好植株的基础。

## *Rule* 4

### 重视叶子

玫瑰通过在叶子上进行的光合作用而得以健康成长。反之如果因为生病或缺水而造成叶子脱落、养分不充足等的情况，就会削弱植株的养分。特别是要注意防止黑斑病造成的落叶。

‘迪斯尼乐园玫瑰’（Disneyland Rose）

## 什么样的玫瑰最适合自己？

## 先按照4个分类的思路来开始选择吧

### 我们按照栽培的难易程度把玫瑰分为4类

虽然都统称为玫瑰，但实际上既包括生命力非常强的野生品种，也包括和最近的蓝色玫瑰一样非常纤细的品种。

关于玫瑰的特征及个性，如果从其进化历史和品系来追溯是比较容易辨明，但这可能需要做很多的功课和通过很多实践才能掌握。

由此，为了帮助大家能很快选到适合自己栽培的玫瑰品种，笔者就不再采用常见的利用品系来分类的方法，而是根据品种的栽培难易性和抗病性等特性而将她们分为4类。

第1类是基本无须农药就可以轻松培育的品种；第2类是需要使用喷壶喷洒少量药剂和肥料的品种；第3类为20世纪的主流，需要较多的肥料和药剂以及一些栽培技术才能灿烂开放的类型；最后的第4类主要是指日本独自育成的新品种，在花色和花形方面一枝独秀，虽然具有独特的魅力，但其栽培技术也是最难的一类。

经过这样的分类，大家就可以根据自己的栽培习惯来选择品种，营造出玫瑰和主人都舒心愉快的和谐状态。

### 如果你是玫瑰新手，那推荐先选择第2类

对于那些新手或是倡导有机栽培、低农药栽培的人来说，更适合选择第1类和第2类，笔者认为其中第2类更适合盆栽。

第1类是比较接近野生的品种，虽然抗病性强，但相对植株容易成长得过大。而且这些通常只是春天开花（单季开花），即使有一些株型紧凑而且四季开花的品种，但在花色和花形方面也不够丰富。从这个角度讲，第2类的株型紧凑并且开花次数多，同时还有丰富的花色、花形、香味的品种可选，从使用药物方面讲，只需要偶尔用喷壶喷一喷就可以了。而且你可以在身边欣赏到美丽的花朵，非常符合城市家庭的实际情况。现在最富人气的玫瑰基本也都属于第2类。

如果你已经轻车熟路，可以继续种植第3类比较珍贵的品种，并不断提高自己的技巧，最后，试试挑战第4类品种吧！

四季开花且株型紧凑容易栽培的第2类'安布里奇'（Ambridge Rose）。

## 第1类

# 生命力强盛的品种

⇒42～47页

◎ 这是什么样的玫瑰?

　　主要是指农药和化肥出现之前在野外原生的品种,或是这些品种的杂交品种或是早期的古典玫瑰品种。通常株型会很大,有的枝条可以伸展得很长。大多是单季开花(东方古老月季中也有四季开花的品种),花色(深浅粉、白、紫红色等)及花形(单瓣、莲座状等)不是很丰富。即使一些叶子因病害而脱落,也很快会长出新的叶子来,不会影响整体的长势。

◎ 推荐给这样的人

'月月粉'(Old Blush)

· 这类品种枝条伸展效果好,适合想用玫瑰进行大面积覆盖的人
· 适合不愿意或是不擅长用药的人
· 适合希望像樱花一样只有春天开一次花就很好的人(单季开花)

## 第2类

# 易栽培、高人气的品种

⇒12～25页

◎ 这是什么样的玫瑰?

　　英国月季等灌木月季(见35页),部分比较健壮的杂交茶香月季(Hybrid Tea Rose)(见123页)、丰花月季(Floribunda Roses)(见125页)等。这一类虽然没有第1类那么健壮,但株型紧凑、四季开花,并且花色、花形、香气方面品种丰富,可以充分挑选自己喜欢的品种,是现在最有人气的玫瑰品类,最适合花盆栽种。

◎ 推荐给这样的人

'银禧庆典'(Jubilee Celebration)

· 希望仅用喷壶之类的简单方法用药栽培的人
· 希望在有限的空间里尽量多栽培一些玫瑰的人
· 希望从春到秋季能多次看到开花的人

## 第3类

# 标准玫瑰

⇒26～34页

◎ 这是什么样的玫瑰?

　　主要是20世纪主流的玫瑰、以杂交茶香月季及丰花月季等为主。多为卷边高心状(见51页)花形,花色比较丰富。这个类型虽然大多枝条比较硬、植株偏高,但也适合盆栽。这个类型中四季开花的比较多,抗病性较弱,所以需要喷药防止因黑斑病而引起的落叶现象。枝条寿命比较短,需要注意更新枝条。

◎ 推荐给这样的人

'爱'(Love)

· 这个类型需要精心照顾,适合愿意多用心打理植株的人
· 适合喜欢卷边高心花朵形状的人
· 这个类型的单花花期比较长,也适合喜欢鲜切花的人

## 第4类

# 梦幻精致玫瑰

⇒36～41页

◎ 这是什么样的玫瑰?

　　这是在日本进行独有改良的鲜切花品类的玫瑰。由于在品种育成的过程中比国外更优先重视独特的个性,所以在植株长势和抗病性方面难以兼顾。其魅力在于具有其他玫瑰所没有的花色或花形。但由于其成长能力较弱而基本没有抗病性,所以一旦受到病害就很难再恢复长势,需要细致地用药和肥料管理,由于其长势比较弱,浇水过多的话可能会导致烂根。

◎ 推荐给这样的人

'加百列大天使'(Gabriel)

· 希望养育近似蓝色等的珍贵玫瑰品种的人
· 越是难种的品种种起来越有成就感的人
· 成长势头较弱,适合想在小空间内培育玫瑰的人

# 第一章 推荐盆栽的玫瑰

'银禧庆典'（第2类）
*H.Ukai*

我们以盆栽的推荐度为序，首先介绍"易栽培、高人气的品种（第2类）"，然后依次介绍"标准玫瑰（第3类）""梦幻精致玫瑰（第4类）""生命力强盛的品种（第1类）"。可以按照个人喜好并参考相应的性质和栽培条件来选择最合适自己的玫瑰。

## 图例及用词

对于藤蔓株型、藤本月季和一部分灌木株型的玫瑰推荐采用的支撑方法

塔架形　　花格形　　栅栏形　　拱门形

**品种名称**：虽然每种都有其原产国的当地发音，但本书中以音译读法优先。个别品种有可能会因为品种名而造成一些认知混淆，但本书尽量采用目前中国国内通用的品种译名。

**品系**：按照118页的玫瑰系谱（图1）进行分类。

**花朵大小**：[ 大花 ] 9～15cm
　　　　　　[ 中花 ] 5～9cm
　　　　　　[ 小花 ] 3～5cm

**开花习性**：四季开花、反复开花、单季开花。

**花香**：浓香、中香、淡香。请参考120～121页。

**株型**：分为直立型、灌木型、藤蔓型3类。请参考52～53页。
※这里不是采用的国际通用株型分类，而是按照在日本国内实际盆栽时的株型来分类的。

**株高**：指盆栽情况下的平均株高。

**耐阴性**：[ 强 ] 半日照也可以正常生长。
　　　　　[ 一般 ] 需要摆放在每天有3小时日照的地方培育。
　　　　　[ 弱 ] 需要摆放在以上午为主，能保证6小时充足日照的地方培育。

**耐暑性**：[ 强 ] 即使在酷暑的状态下也可以健康成长，盛夏也能开出非常耐看的美花来。
　　　　　[ 一般 ] 热天的时候能维持平均水平的生长，不会因天热而使植株状态变弱。
　　　　　[ 弱 ] 酷暑状态下新芽停止生长，植株变弱或发生枯萎。

**耐寒性**：[ 强 ] 在寒冷地区也能栽培。
　　　　　[ 一般 ] 在日本的关东地区以西的平原地区可以正常培育。
　　　　　[ 弱 ] 在寒冷地区栽培困难，即使是日本关东地区以西的平原地区，入冬之前也可能因黑斑病等造成落叶或生长状态变弱而受寒枯萎。

**栽培空间**：[ L ] 大于1m²或L级别花盆（大于10号、30cm口径花盆）。
　　　　　　[ M ] 大于50cm²或M级别花盆（8号、24cm左右口径花盆）。
　　　　　　[ S ] 大于30cm²或S级别花盆（6号、18cm左右口径花盆）。具体请参考60、63页
※主要参考环境为日本关东地区以西的平原地区（气候与中国长江流域相似）。

## 四季开花、花色丰富、株型紧凑，适宜盆栽

如果给玫瑰品种的各种特性打分，那平均分最高的一组应该就是第2类了。这些是现在最具人气的四季开花品种，花形有莲座状和杯状等，色彩丰富。花香可人的品种也比较多。

自19世纪后半叶起，育种家们主要注重追求四季开花、花色的变化、各种花形等，而忽略了其他特性，造成玫瑰的植株越来越弱。第2类正是使用与基因较远的品种进行远缘人工杂交的方法而为品种恢复强壮的类型。其中以英国奥斯汀月季及法国的玫昂公司*、戴尔巴德**公司的灌木月季为主，还有部分具较强基因的杂交茶香月季及丰花月季也属于这一类。

这一类普遍为同时开花数多的簇生花且四季开花，常年盆栽也可以持续开花。由于其株型紧凑、抗病性强，即使是新手也比较容易栽培。如果不希望植株过大，推荐使用8号花盆并最终换到10号花盆即可。

而对于藤本月季而言，如果希望养得比较高大，可以使用大于12号的花盆，配合保水性较好的土壤。由于其长势比较旺盛，如果用的花盆小而土壤保水性又不理想的话有可能会在夏天的时候发生缺水干枯。

如果想要覆盖小型拱门或塔架，可以将枝条松散舒展的灌木型品种的枝条展开，做出藤本月季的攀缘效果来。虽然覆盖整个支架需要耐心等上一段时间，不过其四季开花、具备一定的抗病性而且枝条不会长得过长，所以容易打造出自然的观赏效果。

*玫兰（Meilland）
法国著名育种公司，其传统育种技术得到广泛认可，培育出很多著名的品种，其中很多是单花、花期长且花色鲜艳的玫瑰。

**戴尔巴德（Delbard）
法国非常有人气的育种公司，其开发的色调鲜艳且具备浪漫花形的灌木月季人气非常高。

易栽培、高人气的品种

晚期的西方古典玫瑰也可以归入这一类。这一类以加入了近似野生品种的遗传基因而以比较健壮的灌木月季、部分杂交茶香月季为主。

| 抗病性 | 难易度 |
|---|---|
| ★ ★ ★ ☆ | ★ ★ ★ ☆ |

## 栽培要点

| 修剪 | 对于不易从底部发出新枝（抽条）的品种，需要在苗的早期尽量促进从底部发出分枝而塑造出饱满的株型来。如果夏季过度修剪则可能会造成花朵数量减少或秋天不开花。 |
|---|---|

◎ 用药　基本上在无农药的状态下也能正常生长。如果叶子状况正常，每两周或一个月左右用喷壶喷一次杀菌剂以预防病害即可。如果发现红蜘蛛类虫害则越早用药越有效。

◎ 施肥　在3-11月份的生长期，每月加一次缓释肥或发酵鸡粪肥。如果想缓慢增强生长势头，有机质肥料能更好适应其需求。如果肥料过剩可能会易发白粉病或不开花。

## 直立株型·灌木株型

⇒见52～53页

Paris

### Paris
### 帕里斯

**品系**：灌木月季　**花朵大小**：中花　**开花习性**：四季开花　**芳香**：中香　**株型**：直立　**株高**：1.3m　**耐阴性**：一般　**耐暑性**：强　**耐寒性**：一般　**栽培空间**：M

多变的粉色和自由的花形为其带来无限魅力。在开花时各阶段的花色不同，演绎出梦幻的色彩层次。株型紧凑，非常适合盆栽。因希腊神话中特洛伊王子帕里斯而得名。

### Ambridge Rose
### 安布里奇

**品系**：灌木月季　**花朵大小**：中花　**开花习性**：四季开花　**芳香**：浓香　**株型**：直立　**株高**：1.2m　**耐阴性**：一般　**耐暑性**：强　**耐寒性**：一般　**栽培空间**：M

可爱的杏粉色杯状花成簇开放，散发具有个性的奶香味。其株型紧凑，特别适合盆栽。这个品种也用于鲜切花，也可以作为房间里的装饰。

Ambridge Rose

Jacques Cartier

### Jacques Cartier
### 雅克·卡迪亚

**品系**：古典玫瑰　**花朵大小**：中花　**开花习性**：反复开花　**芳香**：浓香　**株型**：灌木　**株高**：1.2m　**耐阴性**：一般　**耐暑性**：一般　**耐寒性**：强　**栽培空间**：M

这个品种花头较短，在花下很近的位置就开始长叶。春季开花就像浑然天成的花束效果。其花色、花形、花香都表现很好，在反复开花的古典玫瑰中是非常出众的品种。小遗憾是其单花花期有些差强人意。因发现者，一位加拿大的探险家而得名。

Sharifa Asma

### Bonica'82
### 博尼卡82

**品系**：灌木月季　**花朵大小**：中花　**开花习性**：四季开花　**芳香**：淡香　**株型**：灌木　**株高**：1.0m　**耐阴性**：一般　**耐暑性**：一般　**耐寒性**：强　**栽培空间**：M

整株开满明快的粉色花朵，人见人爱。形成非常茂盛的灌木株型，盆栽也不会长得过于杂乱，日常管理简单易行。其枝条伸展可形成藤本月季的效果，是全世界范围广受喜爱的优秀玫瑰品种。

Bonica'82

### Sharifa Asma
### 夏莉法·阿诗玛

**品系**：灌木月季　**花朵大小**：大花　**开花习性**：四季开花　**芳香**：浓香　**株型**：直立　**株高**：1.0m　**耐阴性**：一般　**耐暑性**：一般　**耐寒性**：强　**栽培空间**：M

这个品种让人看到后就有想凑上去闻一闻的幸福感，有着浓郁的水果香味。其株型紧凑，适合盆栽。堪称英国月季中的杰作之一。

## The Fairy
### 仙女

**品系**：小姐妹月季　**花朵大小**：小花　**开花习性**：四季开花　**芳香**：淡香　**株型**：灌木　**株高**：0.8m　**耐阴性**：一般　**耐暑性**：一般　**耐寒性**：强　**栽培空间**：S

莲座状簇生花朵覆盖整座植株，晚花且开花时间长。带有原生野蔷薇和光叶野蔷薇的强壮基因。株型柔美，可以用小型塔架或花格牵引。

## Scarborough Fair
### 斯卡布罗集市

**品系**：灌木月季　**花朵大小**：小花　**开花习性**：四季开花　**芳香**：中香　**株型**：直立　**株高**：0.9m　**耐阴性**：一般　**耐暑性**：一般　**耐寒性**：一般　**栽培空间**：M

虽然花瓣数量少，但其清丽的粉色给人以无可辩驳的存在感。易栽培，叶子有很强的抗病性，让人几乎无法想象开出如此秀美可爱的花的植株竟然还能有如此强抗病性的叶片。植株紧凑非常适合盆栽。

## Matilda
### 玛蒂尔达

**品系**：丰花月季　**花朵大小**：中花　**开花习性**：四季开花　**芳香**：淡香　**株型**：直立　**株高**：1.0m　**耐阴性**：一般　**耐暑性**：强　**耐寒性**：一般　**栽培空间**：M

花朵如可爱的彩蝶一般在风中轻舞。中等大小的花成簇开放，从春季到秋季不断开花。其株型紧凑规整，适合盆栽。别名'查尔·阿兹纳弗'（Charles Aznavour）。

*Jubilee Celebration*

## For Your Home
守护家园

**品系**：灌木月季　**花朵大小**：中花　**开花习性**：四季开花　**芳香**：浓香　**株型**：直立　**株高**：1.3m　**耐阴性**：一般　**耐暑性**：强　**耐寒性**：强　**栽培空间**：M

随着开花的过程，其深粉色的花从杯状变化为莲座状，线条柔美的枝条易与草花搭配。具有玫瑰香和茶香味。抗病性强。这是向英国设计师凯茜·绮丝敦（Cath Kidston）致敬的品种。

*For Your Home*

## Jubilee Celebration
银禧庆典

**品系**：灌木月季　**花朵大小**：大花　**开花习性**：四季开花　**芳香**：浓香　**株型**：直立　**株高**：1.3m　**耐阴性**：弱　**耐暑性**：强　**耐寒性**：一般　**栽培空间**：M

这个品种的花色是包括从粉色到鲑粉、杏色、黄色等复杂的色彩同时存在的状态，非常特别。其花瓣的特征为前端呈尖形。其水果香型的气味清爽宜人。植株上刺较少且株型紧凑、易于栽培。

*Sheherazade*

## Sheherazade
雪拉莎德／天方夜谭

**品系**：灌木月季　**花朵大小**：中花　**开花习性**：四季开花　**芳香**：浓香　**株型**：直立　**株高**：1.2m　**耐阴性**：一般　**耐暑性**：强　**耐寒性**：一般　**栽培空间**：M

这是典型的簇生品种。开出很多花的强劲势头几乎超出植株的常规比例。其充满异域风情的名字来自《一千零一夜》中拯救了国王和国民的智慧女主角。其芳香华贵高雅。

## Eyes for You
你的眼睛

**品系**：丰花月季　**花朵大小**：中花　**开花习性**：四季开花　**芳香**：中香　**株型**：直立　**株高**：0.9m　**耐阴性**：一般　**耐暑性**：一般　**耐寒性**：一般　**栽培空间**：M

白色到浅紫色的花瓣中间带有紫红色的斑（眼）。具有香料香气。花色新奇且抗病性强。虽然为直立株型，但花枝柔软，植株姿态优美。盆栽可以将植株控制得较紧凑。

## Le Ciel Bleu
蓝色天空

**品系**：灌木月季　**花朵大小**：中花　**开花习性**：四季开花　**芳香**：中香　**株型**：灌木　**株高**：1.3m　**耐阴性**：一般　**耐暑性**：强　**耐寒性**：一般　**栽培空间**：M

春天和晚秋时开花为浅紫色，温度高时为粉紫色。在四季开花且近于蓝色的玫瑰中属于抗病性强、易栽培的品种。气味甜香，株型简练，易打理，不会占用过多空间。得名于乡村歌曲《爱的颂歌》中所唱到的"蓝天"。

Le Ciel Bleu

Princesse Sibilla de Luxembourg

## Princesse Sibilla de Luxembourg
卢森堡公主西比拉

**品系**：灌木月季　**花朵大小**：中花　**开花习性**：反复开花　**芳香**：浓香　**株型**：灌木　**株高**：1.5m　**耐阴性**：一般　**耐暑性**：强　**耐寒性**：一般　**栽培空间**：L

别名'暴风雨天气'（Stormy Weather）。其紫红色的飘逸花瓣非常引人注目。其色彩靓丽，具香料香气。如果深度修剪则会得到直立株型的效果，放任枝条伸展则会展现出藤本月季的风情。长势强劲、抗病性好，适合新手栽培。

Blue for You

## Blue for You
蓝色梦想

**品系**：丰花月季　**花朵大小**：中花　**开花习性**：四季开花　**芳香**：中香　**株型**：灌木　**株高**：1.4m　**耐阴性**：一般　**耐暑性**：一般　**耐寒性**：一般　**栽培空间**：M

开了一段时间后或是阴天的时候会感觉颜色比较近于蓝色，是最接近蓝色的玫瑰品种之一。柔美风格的花朵呈簇状开放，秋季伸展花枝开花时蓬松而舒展。具有香料的香气。抗病性强、易栽培。

## Pope John Paul Ⅱ
### 约翰保罗二世

**品系**：杂交茶香月季　**花朵大小**：大花　**开花习性**：
四季开花　**芳香**：浓香　**株型**：直立　**株高**：
1.3m　**耐阴性**：弱　**耐暑性**：一般　**耐寒性**：一
般　**栽培空间**：M

整齐的半卷边高心的纯白花，仿佛圣洁的灵魂。是
向第264代罗马教皇约翰保罗二世致敬的玫瑰品
种。杂交茶香月季虽然大多为第3类，但这个品种在
其中属于抗病性优秀的品种。

Pope John Paul II

Bolero

## Bolero
### 波列罗舞

**品系**：丰花月季　**花朵大小**：中花　**开花习性**：四季开
花　**芳香**：浓香　**株型**：直立　**株高**：0.8m　**耐阴性**：一
般　**耐暑性**：强　**耐寒性**：强　**栽培空间**：M

白色底色上呈现奶油色或浅粉色，花朵莲座状，非常可爱。
散发以水果香为主的浓郁芳香。在植株长得足够大之前只需
要进行花后轻剪。株型紧凑，即使用小花盆栽培也可以开出
许多花来。

Jubilé du Prince de Monaco

## Jubilé du Prince de Monaco
### 摩纳哥王子庆典

**品系**：丰花月季　**花朵大小**：中花　**开花习性**：四季开花　**芳
香**：淡香　**株型**：直立　**株高**：1.1m　**耐阴性**：一般　**耐暑性**：
强　**耐寒性**：一般　**栽培空间**：M

别名'摩纳哥公爵'（Cherry parfait）。红与白对比打造出非常
高贵的独特效果。是向摩纳哥兰尼埃亲王致敬的品种。红色与
白色是摩纳哥统治者格里马尔迪家族及摩纳哥国旗的颜色。

## Icebreg
### 冰山

**品系**：丰花月季 **花朵大小**：中花 **开花习性**：四季开花 **芳香**：淡香 **株型**：直立 **株高**：1.2m **耐阴性**：一般 **耐暑性**：强 **耐寒性**：强 **栽培空间**：M

别名'白雪公主'（Schneewittchen）。在中花簇生的半重瓣的玫瑰中,'冰山'是非常受欢迎的品种。特别适合钟情白色玫瑰的新手种植。如果用8号花盆或更大的花盆栽种,可以开至少30朵花。

Iceberg

Fun Jwan Lo

## Green Ice
### 绿冰

**品系**：微型月季 **花朵大小**：小花 **开花习性**：四季开花 **芳香**：淡香 **株型**：灌木 **株高**：0.4m **耐阴性**：普通 **耐暑性**：强 **耐寒性**：强 **栽培空间**：S

花色从白转绿,有着非常丰富美丽的变化。秋季开花有时也会有一点粉色。花心仿佛是绿色明眸。枝条有向下垂的趋势,用比较高的花盆或吊篮栽培也别有风情。单花花期持续较长。

Green Ice

## Fun Jwan Lo
### 粉妆楼

**品系**：小姐妹月季 **花朵大小**：中花 **开花习性**：四季开花 **芳香**：中香 **株型**：直立 **株高**：0.6m **耐阴性**：一般 **耐暑性**：一般 **耐寒性**：一般 **栽培空间**：S

从带浅粉色的白色花蕾到开花后呈现粉色的花瓣,都非常迷人。由于花枝较细而花朵相对较重,所以开花时花朵稍向下方。持续降雨会导致花瓣无法开放,这时需要移到房檐下避雨。过量施肥可能会导致出现白粉病。

Maurice Utrillo

## First Impression
### 第一印象

**品系**：微型月季　**花朵大小**：中花　**开花习性**：四季开花　**芳香**：中香　**株型**：直立　**株高**：0.7m　**耐阴性**：弱　**耐暑性**：一般　**耐寒性**：弱　**栽培空间**：S

虽然黄色系微型月季大多比较柔弱，但这个品种对黑斑病的抗病性较强，易培育。其没药香型的香味，与外观的第一印象有很大区别，让人印象深刻。可以培育成比较紧凑的株型，适合盆栽。

## Maurice Uteillo
### 莫里斯·郁特里罗

**品系**：杂交茶香月季　**花朵大小**：大花　**开花习性**：四季开花　**芳香**：中香　**株型**：直立　**株高**：1.0m　**耐阴性**：弱　**耐暑性**：强　**耐寒性**：一般　**栽培空间**：M

黄色与红色相间的华美玫瑰。波浪状花瓣与花色配合在一起显得非常帅气。植株强壮。相比来说，暗色的花盆较亮色的花盆更适合衬托其花色。得名于著名画家莫里斯·郁特里罗。

## Eureka
### 尤里卡

**品系**：丰花月季　**花朵大小**：中花　**开花习性**：四季开花　**芳香**：中香　**株型**：直立　**株高**：1.0m　**耐阴性**：一般　**耐暑性**：一般　**耐寒性**：强　**栽培空间**：M

波形褶边给人又可爱又成熟的双重感觉。黑斑病抗性强，植株可以培育得比较紧凑。得名于阿基米德想出鉴定皇冠的含金纯度的方法时的惊呼，是希腊语中"有办法了"的意思。

## Claude Monet
### 克劳德·莫奈

**品系**：灌木月季　**花朵大小**：中花　**开花习性**：四季开花　**芳香**：浓香　**株型**：直立　**株高**：1.0m　**耐阴性**：一般　**耐暑性**：一般　**耐寒性**：一般　**栽培空间**：M
从奶黄色到杏色、粉色变化的杯状花，带有甜香、茶香、香粉气息混合的香味。可以养育成较紧凑的株型，适合盆栽。得名于著名画家克劳德·莫奈。

Claude Monet

## Lady Emma Hamilton
### 艾玛·汉密尔顿女士

**品系**：灌木月季　**花朵大小**：中花　**开花习性**：四季开花　**芳香**：浓香　**株型**：直立　**株高**：0.8m　**耐阴性**：一般　**耐暑性**：弱　**耐寒性**：一般　**栽培空间**：S
圆滚滚的杯状花，开花时稍朝向下方。花朵与铜色新芽搭配起来非常漂亮，柑橘类水果香味。在温暖地区夏季会停止生长，所以需要在夏季时将其移至午后照不到阳光的地方。

Apricot Candy

## Apricot Candy
### 杏色糖果

**品系**：杂交茶香月季　**花朵大小**：大花　**开花习性**：四季开花　**芳香**：中香　**株型**：直立　**株高**：1.3m　**耐阴性**：一般　**耐暑性**：强　**耐寒性**：一般　**栽培空间**：M
开出很多大方美观的卷边高心状花。花色与叶色的对比效果非常漂亮，长势强劲，不断开花。对黑斑病等的抗病性强。对于喜欢卷边高心状花和这个花色的新手来说，这是最受推崇的品种。

Lady Emma Hamilton

## Rouge Pierre de Ronsrad
### 红色龙沙宝石 🏛🏛

**品系**：灌木月季　**花朵大小**：大花　**开花习性**：四季开花　**芳香**：浓香　**株型**：灌木　**株高**：1.8m　**耐阴性**：一般　**耐暑性**：强　**耐寒性**：一般　**栽培空间**：M

华美的莲座状花。植株长势强劲，长出大量较粗的枝条。即使当作直立株型进行深度修剪也会不断开花。单花花期长、也非常适合作为鲜切花来欣赏。别名'红色伊甸园'（Red Eden）、'塔巴里'（Eric Tabarly）。

Louis XIV

Rouge Pierre de Ronsard

## Louis XIV
### 路易十四

**品系**：古典玫瑰　**花朵大小**：中花　**开花习性**：四季开花　**芳香**：中香　**株型**：直立　**株高**：1.0m　**耐阴性**：一般　**耐暑性**：强　**耐寒性**：弱　**栽培空间**：S

花色为颇具魅力的深红色，四季开花直立株型的古典玫瑰。虽然花瓣数稍少，但其金黄色花蕊与花色的相互衬托效果非常迷人。枝条偏细且植株紧凑，抗病性好，易栽培。

Mothersday

## Mothersday
### 红柯斯特（又名母亲节）

**品系**：小姐妹月季　**花朵大小**：小花　**开花习性**：四季开花　**芳香**：淡香　**株型**：直立　**株高**：0.6m　**耐阴性**：一般　**耐暑性**：强　**耐寒性**：一般　**栽培空间**：S

植株上开满明快花色的杯状花，给人活力四射的感觉。单花花期较长。用6号花盆就可以充分欣赏到很多花和漂亮的植株姿态。只要保证充足的光照，在很小的空间也能养得很好。

## 藤蔓株型

⇒见52～53页

William Morris

### William Morris
威廉·莫里斯

**品系**：灌木月季　**花朵大小**：中花　**开花习性**：反复开花　**芳香**：浓香　**株型**：藤蔓　**株高**：1.8m　**耐阴性**：一般　**耐暑性**：一般　**耐寒性**：一般　**栽培空间**：L

在柔美的枝梢上开出蓬松的莲座状花。茶香类的甜香非常醉人。枝条柔软，盆栽时易于牵引。在各种场所都可以有很好表现，是适应性非常强的玫瑰品种。

### Cornelia
科尼莉亚

**品系**：杂交麝香月季　**花朵大小**：小花　**开花习性**：反复开花　**芳香**：中香　**株型**：藤蔓　**株高**：2.2m　**耐阴性**：强　**耐暑性**：强　**耐寒性**：强　**栽培空间**：L

其花色随季节变化而变为带黄色的粉色或带紫色的粉色，可以看到非常有意思的过程。簇生小花，花朵数多且非常耐看。其甜香气味也很迷人。刺少，易于牵引。

Cornelia

Odysseia

## Odysseia
## 奥德赛

品系：灌木月季　**花朵大小**：中花　**开花习性**：四季开花　**芳香**：浓香　**株型**：藤蔓　**株高**：1.8m　**耐阴性**：一般　**耐暑性**：强　**耐寒性**：一般　**栽培空间**：L

其花色非常有趣，在低温时为黑红色，在高温环境下则偏紫而呈深红色。大马士革浓香气味。在较小空间内可以当作直立株型来养育，其粗枝偏硬，所以如果发出抽条需要相应修剪以促进分枝。

Angela

## Angela
## 安吉拉

品系：灌木月季　**花朵大小**：小花　**开花习性**：反复开花　**芳香**：淡香　**株型**：藤蔓　**株高**：2.0m　**耐阴性**：一般　**耐暑性**：强　**耐寒性**：强　**栽培空间**：L

这个品种在欧洲通常作为直立株型来利用，但在高温多湿的地方能长成长势良好的藤本月季。其粉色华美小花一整片开放，非常壮观。如果在冬季深度修剪则春天的头茬花为直立株型的效果。

## Céline Forestier
### 席琳·弗雷斯蒂

**品系**：古典玫瑰　**花朵大小**：中花　**开花习性**：反复开花　**芳香**：中香　**株型**：藤蔓　**株高**：1.7m　**耐阴性**：一般　**耐暑性**：一般　**耐寒性**：弱　**栽培空间**：L

莲座状的浅奶油色花打造出非常清新的感觉。刺少、叶色清亮，轻柔的枝条也成为一道颇具魅力的风景。早期生长比较缓慢，需要耐心培育。具有茶香型的香气。

## Alister Stella Gray
### 阿利斯特·斯特拉·格雷

**品系**：古典玫瑰　**花朵大小**：中花　**开花习性**：反复开花　**芳香**：中香　**株型**：藤蔓　**株高**：1.8m　**耐阴性**：一般　**耐暑性**：一般　**耐寒性**：一般　**栽培空间**：L

刚开花时为淡奶黄色，之后慢慢转为白色，枝条柔软，非常容易牵引到各种地方。早期生长稍缓，之后突然加速生长，要注意早期不要因着急而过度施肥。

## Snow Goose
### 雪雁

**品系**：灌木　**花朵大小**：小花　**开花习性**：四季开花　**芳香**：中香　**株型**：藤蔓　**株高**：2.2m　**耐阴性**：强　**耐暑性**：一般　**耐寒性**：一般　**栽培空间**：L

可爱的小花成簇开放，罩满整个植株，反复开花性强，刺少，容易牵引。香气柔和。

Snow Goose

Alister Stella Gray

Blush Noisette

## Blush Noisette
### 粉红努塞特

**品系**：古典玫瑰　**花朵大小**：小花　**开花习性**：反复开花　**芳香**：中香　**株型**：藤蔓　**株高**：1.5m　**耐阴性**：一般　**耐暑性**：强　**耐寒性**：一般　**栽培空间**：L

莲座状花呈大簇开放。早期生长迟缓，如果想让枝条尽快伸展则需要反复摘蕾。枝条较细，可以轻松牵引。深度修剪则可以打造出直立株型的效果，要将植株底部发出的抽条剪短来促进分枝，抗病性强。

## 怒放着鲜艳大花，最像玫瑰的玫瑰

# 标准玫瑰

这一类会因栽培技巧的高低而呈现相应的生长水平，因而可以充分享受辛苦培育的成就感。卷边高心的杂交茶香月季及可爱的丰花月季基本都属于标准玫瑰。

对于从公元1800年左右开始的玫瑰育种历史来说，这一类可以说是一组里程碑式的玫瑰品种。这个时期中将之前只开一季的品种育成了四季开花，并将株型从灌木型和藤蔓型育成了直立型。花色方面育出了以往的古典玫瑰中所没有的鲜艳的黄色、朱红色、鲑粉色、浅紫色、茶色等，可以堪称是承载一个时代和主导品系的经典品种。

这些品种大多为大花、花枝长的直立型植株，单朵花的绚烂程度相较其他类型更加出类拔萃。但是因为花朵数量少，开每朵花也会耗费大量的能量，需要特别注意维持植株整体的能量状态，不要忘记充分施肥。这一类许多品种的耐阴性和耐寒性差，对黑斑病等的抗病性也比较差，所以需要注意定期用药。

从某种程度上讲，现在很多人对于品种玫瑰的印象就是由这一类而来的，大多数玫瑰栽培书籍也是以此类为主介绍的。这一类因施肥、用药、修剪的方式不同而会带来很大不同的培育效果，也是可以体会到栽培成就感的一类。

相反，这一类如果用低农药栽培方法或是有机栽培，则会适得其反，可能会导致玫瑰状态不太好，显得有些可怜了。这一类的长势虽然比较旺，但大多抗病性差、枝条寿命较短。如果采用有机栽培或是低农药栽培，有可能会缩短这一类玫瑰的寿命，所以请根据具体的类型来选择种植方法。

这里将介绍一些适宜盆栽、株型紧凑的品种。这些品种以杂交茶香月季为主，由于大多是花枝长、植株较高的直立型，所以推荐最终使用10号花盆，这样可以显得比较协调。通常花盆越大则根的量就越多，随之开花数量也就越多。对于簇生的花朵数比较多的品种，如株型紧凑的丰花月季，也可以选用8号花盆。请根据栽培空间来选择合适的玫瑰品种。

| 抗病性 | 难易度 |
|---|---|
| ★★☆☆ | ★★☆☆ |

## 栽培要点

◎ 修剪　由于这类玫瑰中大多植株的枝条寿命比较短，需要利用从底部发出的新芽来更新旧的枝条，以防止植株老化。要促使植物反复发出新的枝条来进行新老更替，则需要培育健壮的根系。可以使用"芸苔素"来促进根系生长。

◎ 用药　植株如果得了黑斑病就会突然落叶并且失去活力，所以需要每两周喷洒一次杀菌剂。特别是在寒冷地区，如果在入冬前得病掉叶子，则其耐寒能力会减半。如果发现害虫需要尽早施用杀虫剂，如"蚍虫林"等来防治。

◎ 施肥　在3～11月份生长期期间每个月加一次放置型肥料（缓释肥）。化肥可以很快起到促进生长的作用，但容易使植株老化速度过快，所以理想的方法是将其与有机肥交替施用。在出芽时及夏季修剪后施液肥比较有效。

# 直立株型·灌木株型

⇒见52~53页

## La Mariée
### 新娘

**品系**：丰花月季　**花朵大小**：中花　**开花习性**：四季开花　**芳香**：浓香　**株型**：直立　**株高**：0.9m　**耐阴性**：弱　**耐暑性**：强　**耐寒性**：弱　**栽培空间**：M

柔和线条的褶边及带有浅紫色的淡粉花色，高雅而清新的芳香气息，几乎是玫瑰中将女性之美发挥到极致的代表品种。同时还是十分优秀的鲜切花品种。得名于法语"新娘"一词。如果施肥过多，易发白粉病。

*Julia*

## Julia
### 茉莉亚

**品系**：杂交茶香月季　**花朵大小**：大花　**开花习性**：四季开花　**芳香**：淡香　**株型**：直立　**株高**：1.3m　**耐阴性**：弱　**耐暑性**：弱　**耐寒性**：弱　**栽培空间**：M

别名'巧克力'（Chocolate Rose）。其茶色色调与花形非常惹人喜爱。同时适于鲜切花。需要用10号大小的花盆栽培才能保证充足的花朵数量。是向花卉设计师茉莉亚·克莱门茨致敬的品种。

*La Mariée*

27

## Dainty Bess
### 俏丽贝斯

**品系**：杂交茶香月季　**花朵大小**：大花　**开花习性**：四季开花　**芳香**：中香　**株型**：直立　**株高**：1.1m　**耐阴性**：弱　**耐暑性**：一般　**耐寒性**：一般　**栽培空间**：M

其高雅的浅粉色与稍稍褶边的花形在单瓣品种中是非常受欢迎的。花蕊与花瓣的相互映衬效果也足具魅力。香料型香味很好闻，具有从杂交亲本'奥菲莉亚'（Ophelia）继承而来的优雅气质。

Aoi

Dainty Bess

## Aoi
### 葵

**品系**：丰花月季　**花朵大小**：中花　**开花习性**：四季开花　**芳香**：淡香　**株型**：直立　**株高**：0.7m　**耐阴性**：弱　**耐暑性**：一般　**耐寒性**：一般　**栽培空间**：M

花形时尚、单花花期长且花朵数多。秋季状态非常好，也可以开出整簇状的花来，这个品种开始是用于鲜切花的。如果养育得比较强壮则可以像灌木月季那样伸展枝条，任其自然生长则可以打造出一派和风情趣来。

## Rose Pompadour
### 庞巴度玫瑰

**品系**：灌木月季　**花朵大小**：大花　**开花习性**：四季开花　**芳香**：浓香　**株型**：灌木　**株高**：1.3m　**耐阴性**：弱　**耐暑性**：强　**耐寒性**：一般　**栽培空间**：M

花瓣多，莲座状花。不但春天的大花很精彩，夏季开花也很可爱。散发水果浓香。放任枝条伸展后可以牵引到较低的塔架或花格上。得名于英国传统色彩浅粉红（Pompadour Pink）。

Rose Pompadour

Princesse de Monaco

## Princesse de Monaco
### 摩纳哥公主

**品系**：杂交茶香月季　**花朵大小**：大花　**开花习性**：四季开花　**芳香**：中香　**株型**：直立　**株高**：1.2m　**耐阴性**：弱　**耐暑性**：一般　**耐寒性**：弱　**栽培空间**：M
拥有大方优雅的姿态，其深绿色的光叶也非常漂亮。盆栽状态容易发出春天不坐花的枝条，所以需要用至少10号大小的花盆来栽培，在4月份时摘蕾会有助于坐花。夏季叶形变圆为正常表现。

## New Wave
### 新浪潮

**品系**：杂交茶香月季　**花朵大小**：大花　**开花习性**：四季开花　**芳香**：中香　**株型**：直立　**株高**：1.1m　**耐阴性**：弱　**耐暑性**：一般　**耐寒性**：弱　**栽培空间**：M
这是育种家寺西菊雄开发出的品种，一改以往卷边高心状花的育种风格，名副其实地引领了新的波浪花瓣潮流。盆栽也可以很好地坐花。过度施肥易导致白粉病。也适合鲜切花。

Dresden Doll

New Wave

## Dresden Doll
### 泰勒斯登娃娃

**品系**：微型月季　**花朵大小**：小花　**开花习性**：四季开花　**芳香**：淡香　**株型**：直立　**株高**：0.5m　**耐阴性**：弱　**耐暑性**：一般　**耐寒性**：弱　**栽培空间**：S
类似花萼上有绒毛的古典玫瑰（苔藓蔷薇）中'威廉·罗布'（William Lobb）的风格。这是将旧时的玫瑰品种的特征展现在直立株型且四季开花的现代玫瑰品种上的作品，非常适合盆栽。

## Annapurna
安娜普尔纳

**品系**：杂交茶香月季　**花朵大小**：大花　**开花习性**：四季开花　**芳香**：浓香　**株型**：直立　**株高**：1.0m　**耐阴性**：弱　**耐暑性**：一般　**耐寒性**：弱　**栽培空间**：M

近于纯白色的典型玫瑰品种。其甘甜的香味也颇具魅力。是世界著名品种。如果因黑斑病落叶后，冬季会受寒枯萎。得名于喜马拉雅山脉的雪峰之一，意为"丰收的女神"。

## Hélène Giuglaris
天之羽衣

**品系**：杂交茶香月季　**花朵大小**：大花　**开花习性**：四季开花　**芳香**：浓香　**株型**：直立　**株高**：1.1m　**耐阴性**：弱　**耐暑性**：一般　**耐寒性**：弱　**栽培空间**：M

在非常纯净的白色花中呈现稍带粉色的花心，煞是可爱。茶香与水果香混合的气味也相得益彰。Hélène Giuglaris 取自在欧洲各地颇受欢迎的法国芭蕾舞者名字。如果施肥过度则花色不易带上粉色。

## Le Blanc
乐柏

**品系**：丰花月季　**花朵大小**：中花　**开花习性**：四季开花　**芳香**：浓香　**株型**：直立　**株高**：0.7m　**耐阴性**：弱　**耐暑性**：一般　**耐寒性**：弱　**栽培空间**：M

蓬松并隐约有透明感的褶边花瓣白玫瑰。花名在法语中为"白色"的意思。虽然花朵和花枝看起来比较纤细，但相对比较好种植，非常适合盆栽，轻度修剪为宜。

## Lapis lazuli
### 青金石

**品系**：灌木月季　**花朵大小**：中花　**开花习性**：四季开
花　**芳香**：中香　**株型**：直立　**株高**：0.6m　**耐阴性**：
弱　**耐暑性**：一般　**耐寒性**：弱　**栽培空间**：S
带些蓝色感觉的浅紫色杯状花，圆滚滚的，非常有个性。株型
紧凑的玫瑰品种，适合盆栽，植株长大前只需进行花后修剪。
气味中混合了甜香和香料味道。

Lapis lazuli

Wakana

## Wakana
### 新绿

**品系**：杂交茶香月季　**花朵大小**：中花　**开花习性**：四季
开花　**芳香**：淡香　**株型**：直立　**株高**：1.3m　**耐阴性**：
弱　**耐暑性**：强　**耐寒性**：一般　**栽培空间**：M
花蕾阶段为绿色，随开花逐渐变白。开花时仿佛一直包住花
心，单花花期长，但如果在开花过程中积水则容易受伤，所
以连续降雨时需要移到房檐下养护。施肥量少一些且日照
充足则会愈发显出绿色来。

Charles de Gaulle

## Charles de Gaulle
### 戴高乐

**品系**：杂交茶香月季　**花朵大小**：大花　**开花习性**：四
季开花　**芳香**：浓香　**株型**：直立　**株高**：1.0m　**耐阴
性**：弱　**耐暑性**：一般　**耐寒性**：弱　**栽培空间**：M
略带红色感觉的浅紫色花，花形独具法国式的华美魅力。
刺较少，可以培育成紧凑株型，在浅紫色玫瑰品种中属于
即使盆栽也可以开出许多花的品种。本品具水果芳香。

Friesia

## Madame Charles Sauvage
### 查尔斯夫人

**品系**：杂交茶香月季　**花朵大小**：大花　**开花习性**：四季开花　**芳香**：浓香　**株型**：直立　**株高**：0.8m　**耐阴性**：弱　**耐暑性**：一般　**耐寒性**：弱　**栽培空间**：M

带金色感觉的美丽黄色花。飘逸的波浪花形颇具法国优雅风情。在横向扩展而显蓬松的直立株型上开出美丽的花朵，如果将其放在挑高的花盆架上则观赏效果更好。茶香味道。别名'密西西比'（Mississippi）。

Madame Charles Sauvage

## Friesia
### 小苍兰

**品系**：丰花月季　**花朵大小**：中花　**开花习性**：四季开花　**芳香**：浓香　**株型**：直立　**株高**：0.8m　**耐阴性**：弱　**耐暑性**：一般　**耐寒性**：弱　**栽培空间**：M

花瓣稍少，轻灵的花朵成簇开放。与球根小苍兰具有同样的花色，带有甜香气味。早花且从春到秋陆续不断地开花。轻度修剪对生长和坐花更有效。

Baby Romantica

## Baby Romantica
### 浪漫宝贝

**品系**：丰花月季　**花朵大小**：中花　**开花习性**：四季开花　**芳香**：淡香　**株型**：直立　**株高**：0.7m　**耐阴性**：弱　**耐暑性**：强　**耐寒性**：弱　**栽培空间**：S

由于其原本是鲜切花品种，所以单花花期长。在鲜切花类型中属于抗病性非常强且易于栽培的品种。充分施肥则生长得很好，会非常努力地展现出回报。植株紧凑，可以在很小的空间里正常养育。

K.Tamaoki

Harpsichord

## Harpsichord
### 大键琴

**品系**：灌木月季　**花朵大小**：中花　**开花习性**：四季开花　**芳香**：中香　**株型**：直立　**株高**：0.6m　**耐阴性**：弱　**耐暑性**：强　**耐寒性**：弱　**栽培空间**：S

每朵花的花心都会有不同的变化，演绎出丰富的表情。是稍带奶油色的颇具个性的黄色玫瑰，单花花期长，具有茶香型气味。植株可以培育得比较紧凑，可以放在日常生活的地方从近处欣赏。本品得名于一种古老乐器。

Niccolò Paganini

## Niccolò Paganini
### 尼克洛·帕格尼尼

**品系**：丰花月季　**花朵大小**：中花　**开花习性**：四季开花　**芳香**：淡香　**株型**：直立　**株高**：0.9m　**耐阴性**：弱　**耐暑性**：一般　**耐寒性**：弱　**栽培空间**：M

鲜艳的丝绒红色。是中花中少见的典型卷边高心状花。在第3类中属于不太占空间的品种，相对适合盆栽。单花花期长，也可以做鲜切花。得名于意大利著名音乐家。

## Kaoruno
### 薫 乃

**品系**：丰花月季　**花朵大小**：中花　**开花习性**：四季开花　**芳香**：浓香　**株型**：直立　**株高**：1.0m　**耐阴性**：弱　**耐暑性**：强　**耐寒性**：弱　**栽培空间**：M

带有粉色到杏色光晕的米黄花朵成簇开放。质感淡雅的叶子与花的搭配非常美妙。带有大马士革香型混合茶香的浓烈香气。坐花状况好，特别适合盆栽。

Love

Kaoruno

## Love
### 爱

**品系**：杂交茶香月季　**花朵大小**：大花　**开花习性**：四季开花　**芳香**：淡香　**株型**：直立　**株高**：1.3m　**耐阴性**：一般　**耐暑性**：强　**耐寒性**：一般　**栽培空间**：M

外层花瓣为红色、与内侧偏白的花瓣相互映衬，非常引人注目。其淡香与名称稍显不够般配，但因花形端正而弥补了个中缺憾。单花花期长，坐花状况好，也适合鲜切花。特性与第2类相近，易栽培。

## Black Baccara
### 黑巴克

**品系**：杂交茶香月季　**花朵大小**：中花　**开花习性**：
四季开花　**芳香**：淡香　**株型**：直立　**株高**：
1.2m　**耐阴性**：弱　**耐暑性**：一般　**耐寒性**：弱　**栽培空间**：M

花瓣厚实，通常黑色玫瑰品种容易发生的灼伤现象
基本不会在这个品种上出现。由于其单花花期长，花
朵数多，所以作为鲜切花也非常受欢迎。在花蕾阶段
剪下插入花瓶中开花，则颜色更加偏黑。

Francis Dubreuil

## Francis Dubreuil
### 弗朗西斯·迪布勒伊

**品系**：古典玫瑰　**花朵大小**：中花　**开花习性**：
四季开花　**芳香**：浓香　**株型**：直立　**株高**：
0.7m　**耐阴性**：弱　**耐暑性**：一般　**耐寒性**：
弱　**栽培空间**：M

春季头茬花的外侧花瓣偏黑，使其花色更具魅
力。随开花过程从杯状花形而到莲座状，每个
阶段都很迷人。植株株型紧凑、枝条偏细，适合
盆栽。以大马士革香味为主，混合水果芳香。

---

### 藤蔓株型

⇒见52～53页

Cocktail

## Cocktail
### 鸡尾酒

**品系**：灌木株型　**花朵大小**：小花　**开花习性**：四季
开花　**芳香**：淡香　**株型**：藤蔓　**株高**：2.0m　**耐阴
性**：一般　**耐暑性**：强　**耐寒性**：一般　**栽培空间**：L

植株长势强劲，小枝也能充实开花，是在各种支撑物上
牵引都能达到全株开花效果的优秀玫瑰品种。推荐牵
引新手选择种植。如果冬季深度修剪，则在春天的时候
可以像直立株型那样开花。你可以在种植上充分发挥
自己的创造力来造型。

# 灌木月季与灌木株型

在玫瑰术语中，"灌木"（shrub）是比较难理解的一个词。

这里的灌木包含两层意思，一层意思是指株型意义上的灌木，另外一层意思是指品系意义上的灌木（灌木月季）。

如果能搞清两层意思之间的关系，就能更深入地了解玫瑰。

## 株型意义上的灌木

灌木株型是介于直立型和藤蔓型中间的半藤蔓型，底部周围的花枝蓬松地散开呈弧状（见53页）。相比杂交茶香月季等品种完全直立型的株型来说，其线条优美，方便与草花搭配，是最适合花园里栽种的株型。在古典玫瑰和英国月季中，有一部分近年来人气比较高的品种也属于这一类。

冬天不重剪而是牵引到拱门、塔架、栅栏上的话，可以当作紧凑型的藤本月季来利用。相反，如果冬天将其修剪得比较紧凑，那么春天头茬开花时则是直立型玫瑰的姿态。培育这种株型的品种虽然需要一个适应的过程，但一旦适应以后就可以随心所欲地做出各种效果来了。

## 品系意义上的灌木月季

20世纪50年代以后，非常流行将现代月季中的杂交茶香月季、丰花月季与古典玫瑰及野生杂交品种进行人工杂交使耐寒性增强，或获得更多样的株型、花形、花色、四季开花型等。

因为由此而产生的玫瑰中灌木株型的比较多，所以从品系上称作"灌木月季"。由于其中一部分的杂交亲本为直立型的杂交茶香月季或丰花月季，这个品系中也有一些直立株型的灌木月季。在家庭庭院比较小的地方，这种直立型的反而更受欢迎。

花枝比较收拢的直立株型灌木月季，株型比较紧凑，所以非常适合小空间种植。右图为'波列罗舞'（第2类）。

花枝舒展的灌木株型灌木月季。如果枝条伸展开来就可以有藤本月季的效果。左图为'佛罗伦萨·德拉特'（Florence Delattre）（第3类）。

有如纤弱美女的玫瑰是栽培终极状态的最好体现

# 梦幻精致玫瑰

这是为了追求无限接近蓝色玫瑰或新奇花形花色等独特魅力的玫瑰，或是为鲜切花而开发的高档玫瑰。由于其长势比较弱，所以比起比起室外栽种，这一类更推荐用花盆来栽种。

蓝色是玫瑰所没有的花色，为了追求无限接近蓝色，或是为了追求前所未有的新奇花形花色，或是专门为鲜切花生产的大棚栽培而作的品种开发等，类似这些品种在开发育种的时候就无法兼顾园艺栽培的需要，这些品种就归入本类当中。这些品种如果长时间淋雨，可能发生黑斑病而导致致命性虚弱。由于品种主要目的是追求新奇性，大多长势非常弱，处于基本没有抗病性的状态，所以不可能用培育其他类型玫瑰的方法来培育。

这类玫瑰在第3类定期用药追肥的基础上，还要特别根据植株的实际状况以及配合管理节奏来调整肥和药的施用量及时机。这一类玫瑰需要放在自己时常可以看得到的地方，经常观察、不断与植物互动，所以从某种意义上说，它们反而是可以体会到栽培的"终极乐趣"的一组。如果出现了与这个类型具有同样的魅力但培育难度小很多的品种，那可能这个类别就消失了，所以说这一类是只为高手准备的玫瑰品种。

对于长势强劲的第1类和第2类来说，可以不断地从根部吸收水分和肥料、从叶面蒸发，边进行光合作用边健康成长。而第4类玫瑰无法从根部吸收充足的水肥，如果花盆过大而且用保水性比较好的土壤来栽种就有可能造成烂根而影响生长，因而需要选用容易干透的偏小的6~8号花盆。如果你已经把这个品种养到8号花盆都不够用的程度的话，那应该是养得非常棒了，一定要好好褒奖自己一番！当然，这时可以考虑换成10号花盆了。

因为上述原因，这一类在室外地栽，透气和排水都很难精确控制，所以推荐从一年苗开始就用花盆来种植（见57页）。也许你会觉得从一年苗养起是个无法理解的建议，实际上耐心地从小养大，才是种植这类玫瑰最好的捷径。（译者注：让植物从小苗开始适应所在的环境，比大苗栽培更容易。）

| 抗病性 | 难易度 |
|---|---|
| ★ ☆ ☆ ☆ ☆ | ★ ☆ ☆ ☆ ☆ |

栽培要点

◎ **修剪** 如果修剪过度可能会反伤到植株活力而造成不抽条，要珍视已有的枝条，在花后修剪、夏季修剪和冬季修剪时都要选择轻度修剪的方法。

◎ **用药** 植株长势比较弱，特别需要通过叶片的光合作用来逐渐成长，所以一旦叶子发生黑斑病，生长就会停止。需要每隔10天至2周用一次杀菌剂，如"石硫合剂"等，并避免植株淋到雨水。

◎ **施肥** 需要像第3类那样充分给肥才能顺利培育开花。初期成长比较迟缓，对于刚买回来的苗和苗过小的时期应该将肥量控制在规定的七八成。

## 直立株型 / 灌木株型

⇒见52～53页

### Latte Art
### 拿铁艺术

**品系**：杂交茶香月季　**花朵大小**：中花　**开花习性**：四季开花　**芳香**：淡香　**株型**：直立　**株高**：0.6m　**耐阴性**：弱　**耐暑性**：一般　**耐寒性**：弱　**栽培空间**：S

花心分为几份，一卷一卷的，非常像拿铁上的拉花。植株长势较弱，故需要放在花盆架上以保证充分通风，忌深度修剪。只要不因生病而发生落叶则抽条寿命较长。

### Gabriel
### 加百列大天使

**品系**：丰花月季　**花朵大小**：中花　**开花习性**：四季开花　**芳香**：浓香　**株型**：直立　**株高**：1.0m　**耐阴性**：弱　**耐暑性**：一般　**耐寒性**：弱　**栽培空间**：S

尖尖的花瓣蓬松地聚合在一起与带有淡蓝感觉的花色搭配起来，仿佛是天堂的花朵。此品种不要深度修剪。枝条过2～3年后发生木质化，看似枝条老化但不影响生长。

## Lucifer
### 路西法

**品系**：杂交茶香月季　**花朵大小**：中花　**开花习性**：四季开花　**芳香**：浓香　**株型**：直立　**株高**：1.1m　**耐阴性**：弱　**耐暑性**：强　**耐寒性**：弱　**栽培空间**：S
虽然是非常难侍弄的品种，但只要你看过一次它的花、闻过它的香味，就一定无法逃离它的诱惑了。肥料过多可能会导致不开头茬花，所以需要用肥量稍少、颗粒偏粗且易干的土来栽种。只要叶子颜色没有异常，就耐心等到头茬花之后再追肥。

Lucifer

La Terre Verte

## La Terre Verte
### 绿色大地

**品系**：杂交茶香月季　**花朵大小**：中花　**开花习性**：四季开花　**芳香**：淡香　**株型**：直立　**株高**：0.5m　**耐阴性**：弱　**耐暑性**：一般　**耐寒性**：弱　**栽培空间**：S
反复开出绿色的杯状花，花瓣偏硬，如果施肥过多则可能难于开花。需要注意预防蚜虫和灰霉病。开花时需要移至房檐下等处避免淋雨。修剪方法为仅剪掉上面的部分。

## Turn Blue
### 转蓝

**品系**：丰花月季　**花朵大小**：中花　**开花习性**：四季开花　**芳香**：淡香　**株型**：直立　**株高**：1.0m　**耐阴性**：弱　**耐暑性**：一般　**耐寒性**：弱　**栽培空间**：S
是育种家小林森治倾注毕生精力培育出的品种，是世界上最蓝的玫瑰品种之一。植株健壮，春天开出蓝色杯状花，不需要非常高超的培育方法，正常管理即可，但忌重度修剪。

Turn Blue

## Blue Heaven
### 蓝色天堂

**品系**：丰花月季　**花朵大小**：中花　**开花习性**：四季开花　**芳香**：淡香　**株型**：直立　**株高**：0.5m　**耐阴性**：弱　**耐暑性**：弱　**耐寒性**：弱　**栽培空间**：S
由河本纯子女士育成的最接近天蓝色的玫瑰品种之一。白天在日光下可能不是非常抢眼，但在遮阴处或荧光灯下会呈现出迷人的浅蓝色。仅在花后修剪，忌重度修剪。

Blue Heaven

## Disneyland Rose
### 迪斯尼乐园玫瑰

**品系**：丰花月季 **花朵大小**：中花 **开花习性**：四季开花 **芳香**：淡香 **株型**：直立 **株高**：0.9m **耐阴性**：弱 **耐暑性**：一般 **耐寒性**：弱 **栽培空间**：M

从粉色到橙色的丰富色彩蕴含其中，仿佛是迪斯尼乐园的盛装游行。一旦发生落叶，恢复长势所需的时间较长，需要避免淋雨，极力预防发生黑斑病。

Disneyland Rose

## Eventail d'or
### 金扇

**品系**：杂交茶香月季 **花朵大小**：中花 **开花习性**：四季开花 **芳香**：淡香 **株型**：直立 **株高**：0.8m **耐阴性**：弱 **耐暑性**：弱 **耐寒性**：弱 **栽培空间**：S

带有隐隐的金色、极有个性的茶色花朵，柔美飘逸的花形也颇具魅力。看似单花花期稍短，但也适合鲜切花。夏季需要避免西晒，放在仅有上午光照的地方。从一年苗开始培育的话更容易养好。

Eventail d'or

Antique Lace

## Antique Lace
### 古董蕾丝

**品系**：丰花月季 **花朵大小**：小花 **开花习性**：四季开花 **芳香**：淡香 **株型**：直立 **株高**：0.7m **耐阴性**：弱 **耐暑性**：一般 **耐寒性**：弱 **栽培空间**：S

这是在温室培育鲜切花的品种，所以植株比较柔软，因疾病原因而落叶后植株长势变弱。需要在培育过程中注意保护叶子，并同时利用笋芽更新。交替施用化肥和有机肥有助于延长其寿命。

Mimi Eden

## Mimi Eden
### 小伊甸园

**品系**：丰花月季　**花朵大小**：小花　**开花习性**：四季开花　**芳香**：淡香　**株型**：直立　**株高**：0.6m　**耐阴性**：弱　**耐暑性**：一般　**耐寒性**：弱　**栽培空间**：S

其可爱的花形最受花友喜爱。这是用于鲜切花的品种，是对白粉病最没有抵抗力的柔弱玫瑰品种之一。如果将几个品种一起栽培，通常这个品种会最先发生白粉病，需要严密观察，尽早处理。

## Vaguelette
### 小波浪

**品系**：丰花月季　**花朵大小**：中花　**开花习性**：四季开花　**芳香**：浓香　**株型**：直立　**株高**：0.8m　**耐阴性**：弱　**耐暑性**：一般　**耐寒性**：弱　**栽培空间**：S

稳重的紫红色波浪花瓣颇具个性，并有美妙的芳香。易患黑斑病、白粉病。如果发生落叶，植株会停止生长，所以需要注意早期预防。也适合鲜切花。得名于"微波涟漪"之意。

Vaguelette

Purple Tiger

## Purple Tiger
### 紫虎

**品系**：丰花月季　**花朵大小**：中花　**开花习性**：四季开花　**芳香**：中香　**株型**：直立　**株高**：1.0m　**耐阴性**：弱　**耐暑性**：一般　**耐寒性**：弱　**栽培空间**：M

花瓣上的个性花纹非常引人注目，可以说是吸引眼球的最受欢迎的主角。其杂交亲本为'阴谋'（Intrigue）（见41页）。受杂交亲本和品种新奇性的影响，植株长势弱，易患黑斑病。

## Heidi Klum Rose
### 海蒂·克鲁姆

**品系**：丰花月季　**花朵大小**：中花　**开花习性**：四季开花　**芳香**：浓香　**株型**：直立　**株高**：0.6m　**耐阴性**：弱　**耐暑性**：弱　**耐寒性**：弱　**栽培空间**：S

这是向德国的著名超模致敬的品种。具有高雅华丽的花色和大马士革香型的芳香气味。其植株紧凑，适合摆放在门廊。易患黑斑病，但患病后不会减弱植株长势。对于降雨少的区域可以在室外地栽。也适合鲜切花。

Heidi Klum Rose

Rhapsody in Blue

## Rhapsody in Blue
### 蓝色狂想曲

**品系**：灌木月季　**花朵大小**：中花　**开花习性**：四季开花　**芳香**：浓香　**株型**：灌木　**株高**：1.5m　**耐阴性**：一般　**耐暑性**：弱　**耐寒性**：一般　**栽培空间**：M

如果在寒冷地区种植则属于第2类。其耐暑性差，在夏季炎热的地区种植，通常夏天会处于马上要枯萎而命悬一线的状态，虽然秋季可以恢复一些，但植株基本不能正常生长。因此需要将其放在只有上午能照到阳光的地方，下午需要防暑且半日照管理。

## Intrigue
### 阴谋

**品系**：丰花月季　**花朵大小**：中花　**开花习性**：四季开花　**芳香**：浓香　**株型**：直立　**株高**：1.0m　**耐阴性**：弱　**耐暑性**：一般　**耐寒性**：弱　**栽培空间**：M

花名为"秘事"或"诡计"之意。酒红色花与浓烈的大马士革香型为主的香气搭配起来非常惹人喜爱。患黑斑病会使植株变得柔弱，忌因病落叶。需要注意充分喷洒药剂。

Intrigue

41

大多是生长旺盛的单季开花品种，
其魅力在于玫瑰原始的花朵和芳香气息

## 生命力强盛的品种

虽然这一类以单季开花的品种比较多，但这里将以适宜盆栽的四季开花直立株型的品种为主进行介绍。

这一类以野生品种及其自然杂交品种为主，西方和东方的早期古典玫瑰基本都属于这类。

这一类主要是人们尚未开始园艺培育之前已经在自然界中的野生品种，还有由这些野生品种自然杂交而来的品种。早期的西方古典玫瑰和东方古老月季基本都属于这类。这些品种在还没有出现农药和化肥的年代里不需要人为的特殊打理就可以茁壮生长，所以这类品种的长势和抗病性也是不言而喻的。它们如果自身不够强壮就存活不下来了，这类可以说是自然界优胜劣汰而筛选出来的瑰宝。

其花形主要是单瓣或半重瓣，及作为古典玫瑰原型的莲座状为主。而莲座状正是玫瑰最原始的花形，可以由此欣赏到最本真的玫瑰花朵。本类花色不是很丰富，无非是深深浅浅的粉色、白色、紫红色等。但是作为补偿，这些早期的古典玫瑰大多带有迷人的芳香。

这类品种虽然基本是单季开花的，但也有个别的品种是四季开花的。其株型大多是灌木株型或藤蔓株型，也有极少数是直立株型的。

对于单季开花的品种，由于不反复开花，能量积蓄都有效体现在植株长势方面了，因此其耐寒性和耐阴性都比较强，抗病性几乎不输于第2类的所有品种。这类虽然可以采用有机栽培方式，但如果希望把茂盛的绿叶维持到秋天，就需要喷洒一些杀菌剂来预防黑斑病等。用喷壶喷洒就足够，如果面积过大也可以考虑使用小型的喷雾器。

如果想要把植株培育得比较大，需要用12号以上的花盆，若还想在墙面上大面积牵引覆盖，则推荐使用15号以上的花盆。直立株型的品种，用稍小些的8～10号盆也可以正常栽培。

对于第1类这些长势强劲的玫瑰来说，主要是通过根部来吸收充足的水分，所以需要选用保水性比较好的土壤来栽培。但对于用土量比较多的大花盆来说，如果花盆内存水过多反倒容易伤根，这种情况下就需要选用易干的土壤。

| 抗病性 | 难易度 |
|---|---|
| ★ | ★ |
| ★ | ★ |
| ★ | ★ |
| ☆ | ★ |

**栽培要点**

◎ **修剪** 对于野生品种和单季开花品种，需要在开花后6月份时重剪一次。冬天修剪的时候要注意：枝条数等于春天的开花数，所以不能修剪过度。

◎ **用药** 虽然无农药的状态下也可以正常生长，但要想让绿叶繁茂的状态一直保持到秋天，最好是每个月喷洒一次杀菌剂。与其他类型相同，将各种类型的药剂交替使用效果更好。

◎ **施肥** 在3～11月份，单季开花的品种每2～3个月施一次肥，四季开花品种每个月加一次放置型肥料（缓释肥）。要注意如果施肥过多则可能会使植株变弱或发生白粉病。

## 直立株型 / 灌木株型

⇒见52～53页

### Triomphe du Luxembourg
### 凯旋卢森堡

**品系**：古典玫瑰　**花朵大小**：中花　**开花习性**：四季开花　**芳香**：中香　**株型**：直立　**株高**：1.3m　**耐阴性**：一般　**耐暑性**：强　**耐寒性**：一般　**栽培空间**：M

这虽然是较早期的古典玫瑰，但能让人联想起杂交茶香月季来。其抗病性优于杂交茶香月季，长势也更加强劲。这个品种给人感觉非常完美，甚至让人不禁会问："现在的玫瑰真的是进化了吗？"

### Wedding Bells
### 婚礼的钟声

**品系**：杂交茶香月季　**花朵大小**：大花　**开花习性**：四季开花　**芳香**：淡香　**株型**：直立　**株高**：1.2m　**耐阴性**：一般　**耐暑性**：强　**耐寒性**：强　**栽培空间**：M

这是一个可以让人感觉到玫瑰育种时代轮回的新品种。不仅具有东方古老月季的强壮、四季开花的直立株型，而且还具备东方古老月季所缺乏的耐寒性，是新的杂交茶香月季品种。假以时日应该会成为受到热捧的著名品种。

Triomphe du Luxembourg

Wedding Bells

### Serratipetala
### 青莲学士

**品系**：古典玫瑰　**花朵大小**：小花　**开花习性**：四季开花　**芳香**：淡香　**株型**：直立　**株高**：1.1m　**耐阴性**：一般　**耐暑性**：强　**耐寒性**：一般　**栽培空间**：M

越到花心颜色越淡，演绎出粉色的丰富变化。加之带有裂的花瓣形状，使其独领一方风情。虽然乍看起来新奇且纤弱，其实植株很健壮。刺少，绿叶可以持续到初冬季节。在第1类中属于耐寒性稍差的品种。

R. roxburghii

### R.roxburghii
### 十六夜蔷薇 / 缫丝花

**品系**：野生　**花朵大小**：中花　**开花习性**：反复开花　**芳香**：淡香　**株型**：直立　**株高**：1.0m　**耐阴性**：一般　**耐暑性**：强　**耐寒性**：一般　**栽培空间**：M

其东方风格的莲座状花在全开时也不完全是圆的，因而得名"十六夜"（译者注：月亮到十六就不圆了的意思）。小叶9～11片，非常有个性，果实带刺，很可爱。其反复开花的习性在野生品种中很难得。

Old Blush

### Old Blush
### 月月粉

**品系**：古典玫瑰　**花朵大小**：中花　**开花习性**：四季开花　**芳香**：中香　**株型**：直立　**株高**：1.0m　**耐阴性**：一般　**耐暑性**：强　**耐寒性**：一般　**栽培空间**：M

这是最早传入欧洲的中国古老月季品种之一，素朴的魅力令人百看不厌。日本从很早的时候也已经开始种植这个品种了，在一些民居门口经常可以看到它们争芳吐艳的身姿。耐寒性不是很强。

Madame Antoine Mari

## Carnation
### 康乃馨

**品系**：古典玫瑰　**花朵大小**：中花　**开花习性**：四季开花　**芳香**：中香　**株型**：直立　**株高**：1.2m　**耐阴性**：一般　**耐暑性**：强　**耐寒性**：一般　**栽培空间**：M

有可能是由中国古老月季与茶香系杂交而成的品种，但具体种源不明。叶子强壮且可以反复开花的优秀品种。花形飘逸，花香宜人，单花花期也比较长。

Carnation

## Madame Antoine Mari
### 安东尼夫人

**品系**：古典玫瑰　**花朵大小**：中花　**开花习性**：四季开花　**芳香**：中香　**株型**：直立　**株高**：1.0m　**耐阴性**：一般　**耐暑性**：强　**耐寒性**：一般　**栽培空间**：M

这是稍朝下方开花的品种，其丰富变化的粉色非常迷人。可以将如此美的姿态和强壮状态结合起来的玫瑰品种是极为难得的。其株型稍向横向扩展，但整体比较紧凑，易于栽培。这是育种家奉献给自己妻子的品种，可以从中感受到育种家对这个品种的自信和其中包含的无限爱意。

Snow Pavement

## Snow Pavement
### 雪路

**品系**：灌木月季　**花朵大小**：中花　**开花习性**：四季开花　**芳香**：中香　**株型**：直立　**株高**：0.7m　**耐阴性**：一般　**耐暑性**：一般　**耐寒性**：强　**栽培空间**：M

浅粉色杯状可爱花朵，花瓣映衬黄色的花蕊对比非常鲜明。落叶较早，冬季枝条颜色发灰。这类玫瑰通常比较粗放，但这个品种比较柔美，颇受女性喜爱。

Léonie Lamesch

## Léonie Lamesch
### 蕾奥妮·拉米斯

**品系**：小姐妹月季　**花朵大小**：小花　**开花习性**：四季开花　**芳香**：中香　**株型**：直立　**株高**：0.8m　**耐阴性**：一般　**耐暑性**：强　**耐寒性**：一般　**栽培空间**：M

在鲑粉色底色上交杂浓淡变化的粉色，是非常少见花色。除了有魅力的花朵外，这个品种的刺较少，易于打理。在第1类中属于耐寒性稍差的品种。

## Marie Dermar
### 玛丽·德玛

**品系**：古典玫瑰　**花朵大小**：中花　**开花习性**：反复开花　**芳香**：中香　**株型**：灌木　**株高**：1.5m　**耐阴性**：一般　**耐暑性**：强　**耐寒性**：一般　**栽培空间**：M
浅粉色莲座状花，花形可爱且量多。不仅花美，其直立株型也非常棒。茂盛且自然直立的灌木株型，可以在较小的空间内控制得比较紧凑，故适合盆栽。

Marie Dermar

## Rêve d'Or
### 利维多尔

**品系**：古典玫瑰　**花朵大小**：中花　**开花习性**：反复开花　**芳香**：中香　**株型**：灌木　**株高**：2m　**耐阴性**：一般　**耐暑性**：一般　**耐寒性**：一般　**栽培空间**：L
雅致的杏色花打造出独特的氛围。早期生长较迟缓，需要耐心培育，不能急于施用过多肥料。不是很耐寒。在这类花色的品种中其抗病性是非常突出的。

Rêve d'Or

Prosperity

# 藤蔓株型

⇒见52～53页

## Prosperity
### 繁荣

**品系**：杂交茶香月季　**花朵大小**：中花　**开花习性**：反复开花　**芳香**：中香　**株型**：藤蔓　**株高**：2m　**耐阴性**：强　**耐暑性**：强　**耐寒性**：强　**栽培空间**：L
这是枝条蓬松向上横向伸展的藤本月季。中等大小的花成簇开放，花量大，几乎覆盖整体植株。其开花的繁盛程度从品种名的授予就可见一斑。盆栽也不会减少花量，秋天开花效果也很好。

Paul's Himalayan Musk

## François Juranville
### 弗朗索瓦·朱朗维尔

**品系**：攀缘蔷薇　**花朵大小**：中花　**开花习性**：单季开花　**芳香**：中香　**株型**：藤蔓　**株高**：3.0m　**耐阴性**：强　**耐暑性**：强　**耐寒性**：强　**栽培空间**：L

枝条柔软易牵引。适合覆盖很大的空间。从高的地方垂下枝条也可以正常开花，可以做出从二层阳台垂到一层门廊的效果。芳香宜人，小巧的深绿色叶子把花色衬托得更加可爱。

## Paul's Himalayan Musk
### 保罗·喜马拉雅麝香

**品系**：攀缘蔷薇　**花朵大小**：小花　**开花习性**：单季开花　**芳香**：淡香　**株型**：藤蔓　**株高**：3.0m　**耐阴性**：强　**耐暑性**：一般　**耐寒性**：强　**栽培空间**：L

这个品种像樱花一样，在柔软的枝条上开满小花。如果需要大面积覆盖的话可以用较大的花盆来种植。虽然只在春天开一次花，但非常壮观。刺比较尖，所以最好不要把花盆放在离走道过近的地方。

*JBP-H.Imai*

## Albéric Barbier
### 阿伯里克·巴比埃

**品系**：攀缘蔷薇　**花朵大小**：中花　**开花习性**：单季开花　**芳香**：中香　**株型**：藤蔓　**株高**：3.0m　**耐阴性**：一般　**耐暑性**：强　**耐寒性**：强　**栽培空间**：L

枝条柔软易于牵引，适合自由地覆盖在大面积上。也可以牵引在较矮的栅栏上。开出大量的莲座状花朵，打造出透明感十足的空间效果。具有茶香气味。在较冷的地区秋季也会复花。

*JBP-H.Imai*

François Juranville

Albéric Barbier

*JBP-H.Imai*

'夏莉法·阿诗玛'（第2类）
*H.Ukai*

# 第二章 了解玫瑰基础知识

在开始栽培之前，我们先来了解一些玫瑰的基础知识吧。修剪等栽培技巧主要是因花朵的大小及3种株型的不同而有所区别的。我们需要先充分了解玫瑰，才能不断提高栽培技巧，从而更多地享受有玫瑰相伴的美好生活。

（注）为了使插图更加直观易懂，这里将一些叶子和刺省略而不画出。

# 先来了解玫瑰的植株构成

**枝条长大并木质化，使植株越来越强壮**

按照我们通常对花的印象来看，玫瑰更容易被想象成是草花，但实际上玫瑰是树。正因为是树，所以对于炎热、寒冷、干燥、多湿、雨、强风等的耐受性比较强，植株成熟后主要枝干木质化而形成强健的结构。

现在日本市面上流通的苗木通常采用日本"原生野蔷薇"作为砧木来嫁接嫁接苗。野蔷薇的根部健壮、耐高温多湿，可以保证苗木在当地的环境下正常生长。

如果生长状态好则会从靠近嫁接接口的位置长出粗的笋枝来，这样的枝条就是第二年起开出很多花朵的主力枝条。从距离底部较远的位置也可能萌发出侧枝（ Side shoot ）来。

从叶柄底部萌出的新芽会长成花枝，在花枝的顶端坐花。

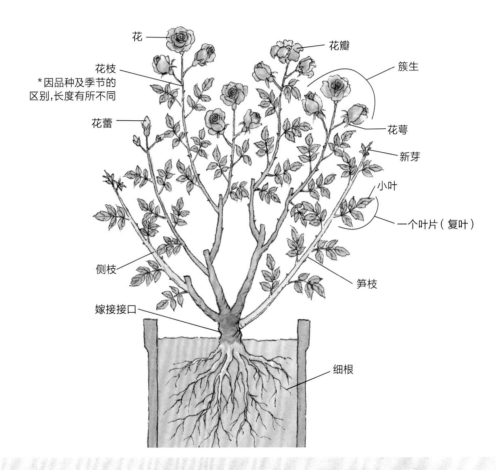

花
花瓣
花枝
\*因品种及季节的
区别,长度有所不同
簇生
花蕾
花萼
新芽
小叶
一个叶片（复叶）
侧枝
笋枝
嫁接接口
细根

按照小叶的片数称3叶（右）、5叶（中）、7叶（左）等，这些通常在同一株中同时存在。如果在强壮的、小叶多的叶片上方修剪则可以使强壮的枝条得到充分生长。

## 玫瑰叶片的计数

对于玫瑰的叶子来说，一组小叶的集合称为一个叶片。据说原本是一片大的叶子，在进化的过程中逐渐出现豁口并最终分化成多个独立的小叶（复生叶）的状态。玫瑰的小叶通常为奇数，野生品种等也有出现9片或多于9片的情况。

# 来认识美丽的花儿

## 通过品种改良而获得了丰富的花色

欧洲中世纪的玫瑰花色以深红、紫红、白、各种粉为主，虽然有少量的条纹品种，但整体的花色不够丰富，这些通常被分类在早期西方古典玫瑰之中。直到18世纪后半叶，四季开花型强的中国古老月季加入进来，增加了红、奶黄、杏黄的花色。

发展到公元1900年，因为'波斯黄'（Persian yellow）遗传基因（见116页、117页）的加入，而出现了黄色、橙色、朱红色、丝绒红、鲑粉、浅紫、褐色、绿色、荧光色等，花色一下子就变得丰富起来。近年来还出现了一些花心处有深色斑并且易于栽培的园艺品种，可以说除了蓝色和黑色以外，几乎所有花色都已经齐备了。

## 从卷边高心花形到玫瑰最初始的莲座状

野生品种通常是单瓣的，通过人为选育雄蕊瓣化的品种而使玫瑰有了很多的花瓣。

欧洲最早的玫瑰花形为莲座状，此外还有花心分化成4份或更多的四联状、在莲座状的基础上花心的小花瓣开成牡丹花的样子的牡丹状、花蕊退化而成绿色的绿玫瑰等各种丰富的变化。而杯状则是莲座状的变种。

后来从东方传来了卷边及高心品种，由此演变而来的卷边高心状一时成为现代玫瑰的代表，在欧洲备受追捧，莲座状一度被视为"老奶奶才会喜欢的过时玫瑰"而遭到冷落。

时光轮转，如今莲座状古典玫瑰等重回人们的视线之中，又再次让人感到新鲜与时尚。现在世界各地，波状花瓣或裂瓣等有个性的玫瑰也同样流行起来。

## 野生品种的主流是单季开花，园艺品种的主流是四季开花

野生品种通常是单季开花的，在春天到初夏之际花朵齐放，之后充分养育枝叶以备冬季休眠，在次年春天再次怒放。两次开花间隔一年时间，所以可以在开花时将能量充分释放出来，成为非常壮观的花景。

而偶然变异获得的四季开花型被用于玫瑰育种，从而打造出园艺品种玫瑰的标准开花方式，"月季"这个词即来源于此。虽然通常在表述上称为四季开花型，但实际上在温度不够的冬季还是不会开花的，如果遇到暖冬，也有一直开花到12月份的情况。

复色古典玫瑰，'安东尼夫人'（第1类）。

带有红黄相间的条纹，'莫里斯·郁特里罗'代表着现代月季的绚丽（第2类）。

中心带有红紫色斑等的新奇花色也相继登场，如'你的眼睛'（第2类）。

## 开花方式

### 单花
一个枝头只开一朵花，花越大单花可能性越大。

'英格丽·褒曼'

### 簇生
3～10朵为簇生，20朵以上则为大量簇生。花越小则每簇的花朵数越多。

'卢森堡公主西比拉'

## 花朵大小

| 超大花 | 大花 | 中花 | 小花 | 极小花 |
|---|---|---|---|---|
| 至少15cm | 9～15cm | 5～9cm | 3～5cm | 小于3cm |

## 花瓣数量

### 重瓣
至少20片花瓣，也有超过100片花瓣的品种。

'安布里奇'

### 半重瓣
有10～20片花瓣。

'蓝色狂想曲'

### 单瓣
通常为5片花瓣，也包括七八片花瓣的情况。

'俏丽贝斯'

## 花形

### 绿纽扣眼
花蕊退化并呈绿色
'哈迪夫人'

### 杯状
外侧花瓣与内侧花瓣的大小基本相同
'艾玛·汉密尔顿女士'

### 波状花瓣
花瓣边缘呈飘逸的波纹状
'新浪潮'

### 卷边高心状
花瓣顶端为尖形，花心高
'和平'

### 莲座状
花瓣片数多，内侧花瓣稍小于外侧花瓣
'夏莉法·阿诗玛'

### 裂瓣
花瓣的边缘有浅裂
'玫瑰时装'

### 牡丹状
花心处的小花瓣呈牡丹状
'修女伊丽莎白'

### 四联状
花心分为4份或更多
'查尔斯的磨坊'

# 玫瑰的株型

玫瑰不仅拥有非常迷人的花朵，而且作为一直以来都备受青睐的植物，其魅力之一即是具有丰富的株型。玫瑰既有无须支撑的直立株型，也有借助塔架、花格、拱门的藤蔓株型，可以从高度和宽度上演绎出丰富的变化。而居中的灌木株型可与草花以及其他庭院花木组合在一起，效果会更好。这种株型如果让枝条伸展得比较长，可以当作藤本月季来利用，其变化更是颇具魅力。

正是因为野生玫瑰有着颇具个性的株型状态，才得以呈现出这么丰富的变化。而世界各地的育种专家在此基础上，通过将野生品种杂交、选育，培育出许许多多非常精彩的玫瑰品种来。

玫瑰育种主要是强化花色、花形、芳香等特性，但通过强化株型育种过程也使玫瑰的株型更加丰富。

## 藤蔓株型根据开花习性其株型也有所不同

藤蔓株型中单季开花和四季开花（包括复花的品种）的株型有所不同。

单季开花的品种从底部分枝的情况较少，如果种在大花盆里，则枝条有可能伸展到5m甚至更长。其中包括两种类型，一种是在向上生长的同时横向伸展，另外一种是如果不做任何处理就会自然匍匐。所以如果想让枝条在栅栏上伸展，则建议尽量选择自然匍匐的品种。

对于四季开花的品种，则可以把它们想象成大型直立株型或灌木株型（见110页）。这种类型通常是在分枝的同时也开花，并在这样反复的过程中不断壮大。

K.Tamaoki

枝头散开的灌木株型'太阳和心'（The Sun and Heart）（第2类）。相比直立株型来说让人感觉线条更柔和一些。

## 如果株型不明该怎么办呢？

如果能知道品种名，可以在书中或是网上找到相应的信息。

如果不知道品种名，则可以通过生长状况来做出判断。如果在冬天的时候修剪到比较低，所有品种在春天开头茬花的时候都是直立型，所以如果要想知道真正的株型，要从第二茬花的时候看起。

如果是直立株型，则在二茬花时的姿态基本没有变化，秋天的时候只是株高增加，整体直立的株型没有明显变化。

灌木株型在二茬花开花之后花枝柔软且花稍朝下方开，株型也逐渐呈拱形，整体姿态处于直立和藤蔓株型之间。

而藤蔓株型则枝条不断伸长，有的品种仅在第一年就能长至3m以上。

这样可以通过在培育过程中观察植株和枝条呈现的姿态来判断品种的株型。

## 直立株型

### ◎ 特征

从底部开始枝条规整向上生长，无须支撑，可以培育出紧凑的株型。其中即有像杂交茶香月季那样枝条硬直、单独种植就受人瞩目的品种，也有像丰花月季那样线条柔美、适合与其他植物搭配种植的品种。由于枝条的粗细程度基本与花朵的大小成正比，所以也可以分为大花、枝条粗壮的直立型和中花或小花、枝条柔软的直立型。

### ◎ 盆栽培育方法

这是玫瑰中最适合盆栽的株型。由于不会从盆中萌出过多的枝条，易于在较小的空间里栽培，甚至可以用6号左右的小花盆来管理。也可以通过调整花盆大小（土壤的量）和适当修剪来调整植株大小。

### ◎ 栽培要点

第3类品种中大多枝条寿命较短，容易从底部萌出新枝，而造成过于混杂。如果出现老化的枝条则需要从底部彻底修剪掉来更新（利用笋枝更新）。除部分品种外，不注意更替枝条则容易发生植株老化的问题。

## 灌木株型

### ◎ 特征

在向上成长的过程中向外呈弓形扩展，其中一些品种底部是直立型，只有花枝柔软而稍向下倾。相比直立株型来说，枝干柔软而富于变化，更容易与花木及草花相搭配，看起来更加自然。

### ◎ 盆栽培育方法

虽然株型自然柔和，观赏效果好，但毕竟不是所有阳台和露台都能有那么大的空间。建议修剪时选在内芽的上方剪断以使枝条不过于外展（见104页），冬季修剪时不要剪得过低，将花枝尽量向塔架和花格上牵引就可以打造出藤本月季的效果来（见112页）。

### ◎ 栽培要点

由于大多数品种的枝条寿命较长，所以不需要特别顾虑更新问题，但如果植株过老可能很难萌出新的抽条来，所以刚买来的2～3年需要将新枝回剪以促进分枝，为整体株型打好基础。

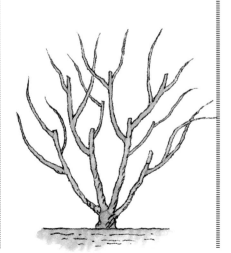

## 藤蔓株型

### ◎ 特征

盆栽的情况下枝条可以生长到2～3米的长度，利用塔架、花格、拱门等引导则可以打造出丰富的立体效果来。对于需要精细牵引的空间，建议选择枝条比较柔软的攀缘蔷薇（Rambler）和英国月季（English Rose）。而杂交茶香月季的蔓性变种等枝条相对硬挺的品种则需要选择有足够弯曲枝条空间的地方来种植。

### ◎ 盆栽培育方法

由于根部伸展等于枝条数量，所以如果想要把植株养得比较大，也可以考虑用稍大些的花盆来培育。可以根据想要的株型大小和枝条数量调整花盆的大小，建议至少是10号花盆。如果需要覆盖面积比较大，则推荐选用12～15号花盆。

### ◎ 栽培要点

这一类相比直立株型和灌木株型来说要大一些，所以根部易干，要注意夏天的时候不要植株缺水。对于枝条数量和生长比较旺盛的植株，如果梅雨季节时将其修剪到整体株高的1/2～3/4的程度，则枝叶数量减少，就不那么容易缺水过干了。

# 玫瑰是反复经历生长和休眠而成长起来的

玫瑰的生长期为3～11月份。虽然各品种有一些差异，但通常气温低于15℃后新芽基本停止生长，开始进入准备休眠的状态，低于5℃后开始休眠。在休眠期间环境及管理的变化带来的负面影响比较小，所以建议在休眠期间进行修剪、牵引、换土等作业（见115页）。

玫瑰通过冬季的充分休息后会在春天发力生长新芽，并开出非常绚烂的花朵来。特别对于单季开花的品种来说，如果冬季没有休眠则无法形成花芽。而对于四季开花的品种来说，如果在温室里维持不低于15℃的环境，则可以不休眠而全年持续开花。鲜切花品种的玫瑰就是用这种方法来管理而保证全年鲜花生产供应的。

生长期：3～11月份
休眠期：12月～次年2月份
例）四季开花型直立株型

## 玫瑰的生长周期

**春季（4～5月份）**
购买开花植株。

**次年春季（3月份）**
随气温上升结束休眠。新芽、花蕾转瞬即变，一定不要错过欣赏。需防治蚜虫和白粉病。

**梅雨（6～7月份）**
二茬花开放，植株迅速成长。如果空气偏干则需要注意适当补水。回剪抽条以打造较好的株型，需要注意预防黑斑病和灰霉病。

**冬（12月～次年2月份）**
休眠期。将浇水量降到最低限度，不需要追肥。进行冬季修剪。换土时需要充分加足底肥以备春季开花。

**夏（7～8月份）**
这是最难熬的季节，需要注意避免植株消耗过多能量。夏季发生落叶则说明植株变弱，需要注意避免土壤过干、烂根、黑斑病造成落叶。

**秋（9～11月份）**
进行夏季修剪（8月下旬～9月中旬）来为秋天开花做准备。需要防治黑斑病、白粉病及夜蛾。秋季开花结束后逐渐减少浇水量而为休眠做准备。

# 从购买苗木开始

## 一年苗可以按照自己的喜好来培育

市面上流通的苗通常有一年苗、盆栽大苗、开花株、长藤苗4种。

一年苗指在培养了一季的砧木上嫁接接穗后于次年春天开始销售的苗。由于嫁接后经过时间较短，相当于人类刚从幼儿园升入小学的状态。因而在这个阶段需要比较注意栽培技术和病害及施肥等问题。从幼小的苗开始适应自己的管理及养育环境，这样更能按照自己的喜好来栽培。

## 盆栽苗比较不容易失败，适合新手栽培

大苗是将一年苗在农场栽培一年并在秋季到冬季之间掘出的裸根苗。以前主要是以用水苔等包裹露出的根系的卷根苗或假植在3.5～4号深花盆中的苗为主流，但由于容易枯萎且不易打理，所以现在市面上流通的主流为使用合适的土壤栽种在方便照顾的6号盆左右大小的花盆中销售的盆栽大苗。

将盆栽大苗照顾到次年春天后萌出花蕾或坐花的状态再上市销售的即为开花株。另外对于部分灌木月季及藤本月季来说盆栽苗的枝条伸长后即为长藤苗，买回后可以马上牵引在塔架或花格上出效果，所以很受欢迎。

这类盆栽苗根据生长状况和季节、种类等而呈现大苗、开花株、长藤苗等不同的姿态，由于全年都有销售，所以无论何时都可以开始接手培育。这种苗在销售时根部与土壤已经结合得很好，所以对于新手来说不容易失败，强烈推荐。

### 1. 一年苗

通常在4月中旬～6月末流通。除部分海外的品牌苗外，其他品种都非常丰富。而对于古典玫瑰及稀少品种，通常只能找到一年苗，很难遇到其他状态的苗。有时园艺店会将一年苗栽入盆中销售。

### 2. 盆栽大苗

通常在11月~次年4月份流通，品种也比较丰富。

### 3. 开花株

通常在4～6月份及10～11月份开花时流通，可以根据所开的花来选苗。但一些受欢迎的品种很快就会被抢光，所以如果已经决定了自己想要的品种，建议在大苗的阶段买进。

### 4. 长藤苗

这是藤本月季及部分灌木月季的枝条伸长状态的苗。通常在秋季到春季之间上市流通。由于一些品种在培育成长藤苗之前就已经销售出去了，所以可能可选的品种较少。

1　　2　　3　　4

# 第三章

# 了解栽培基础知识

让玫瑰开出美丽花朵的秘诀在于，通过控制浇水、放置场所等适当管理，培育健康的根和叶。再加上适时地有效修剪和牵引，不仅可以打造出美丽的株型，还可以增加花朵数量及调整开花时间等。

'安布里奇'（第2类）
*H.Ukai*

（注）为了使插图更加直观易懂，这里将一些叶子和刺省略了。

# 根系健康是开出美花的保证

## 花朵、枝叶、根的质量与数量是相辅相成的

为了让玫瑰开出大量美丽的花朵，需要施肥、修剪及预防病虫害等各种打理，而在做这些之前还有一项必须要做好的就是让根系健康成长。

根、枝叶、花朵是相辅相成的。也就是说，如果想要开出更多花朵，就需要相应质和量的枝叶，而为这些枝叶提供有效保证的，就是健康且充分伸展的根系。

这个原理不仅限于玫瑰。植物通常都是由根部将所吸收的水、肥输送到枝叶，再由枝叶将通过光合作用产出的养分输送到根部的。正是由于这样的相互关系，培养健康的植物首先要打造出可以培育健康根部的环境来。

## 如果根系健壮则枝叶自然生机蓬勃

虽然让整个根系长得粗壮而舒展非常重要，但为植株带来活力的主要是根部尖端细软的细根。细根的尖端生长非常活跃，反复发生细胞分裂，是根部的生长点。

如果花盆中的环境好、细根非常具有活力的话，则根系偏白且具有茁壮的质感。反之如果肥料过剩，则会发生根系纠缠纷乱；另外透气性、排水性不好时，根部无法健康生长，又会发生根尖发黑腐烂等情况。

根系茁壮生长，枝叶也可以茁壮成长，健壮的枝条就会开花，所以按照以下5个要点来培育健壮的根系是盆栽玫瑰最重要的一环。

---

## ✕ 伤根的3项诱因

### 1 浇水过度
如果土壤一直是湿的状态则透气性非常差，根系无法呼吸，从而造成烂根，有时还会发生植株枯死。

### 2 缺水
夏季缺水可能在一天之内就让整个植株枯死。经常轻度缺水则根系压力过大，无法正常生长。

### 3 施肥过度
肥量稍有不足不会造成伤根，但如果肥量过多则会妨碍根系的正常生长。

## ○ 培育健壮根系的要诀

### 1 使用透气性及排水性好的土壤来栽植

### 2 选用适当大小的花盆

### 3 保证充足光照以满足充分的光合作用

### 4 浇水张弛有度，要注意"见干见湿"。

### 5 不能施肥过度

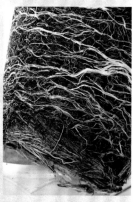

根尖偏白的健康根系。

# 培育出健壮根系的土壤

## 玫瑰的根系非常喜欢空气，所以土壤透气性是首要考虑因素

透气性好、有一定量堆肥或腐叶土等有机质稍重一些的土壤最适合玫瑰生长。

玫瑰的根系非常喜欢空气。气候多湿的地方，要特别注意调整土壤透气性。堆肥、腐叶土可以提供玫瑰生长所需的腐殖质及微量元素，保肥性好，并能为一些有益的微生物提供栖息之所。在这样比较好的土壤环境里，根系可以很好地适应气候和肥料的变化，玫瑰植株也就可以非常健壮了。

建议选用掺入大量赤玉土等颗粒状的土壤（最好是一半以上）作为基础土壤，再掺入透气性、排水性好的稍重些的介质的土壤。特别是盆栽植物容易被风刮倒，需要相应调整土壤的重量。

相反，一些以泥炭或堆肥为主的土壤虽然比较轻、易打理，但日本的气候高温多湿，容易过闷，而且这样的土壤一旦干透后很难再吸水，所以不太适合。（译注：日本的气候接近我国江浙沪等长江流域地区）

## 还要注意土壤的酸碱度

即使土质环境再好，但如果pH值（土壤酸碱度）过高或过低，植物也很难苗壮生长。对于玫瑰来说最适宜的是pH值6.5左右的弱酸性环境。如果酸碱平衡不适合，则会造成生长状态不佳甚至枯萎，所以如果自己配制土壤，需要检测pH值并进行相应调整。

另外施肥也主要用偏酸性肥，所以土壤会逐渐偏酸，对于持续使用化肥或2年以上不换土的情况，建议在上盆时将pH值设定在7.0左右，之后逐渐就变成弱酸性土壤环境了。

## 市面上出售的栽培介质

如今很容易买到各类植物的栽培介质（栽培土壤），疏通透气、排水性好的介质适合栽种月季。一般的配方成分是泥炭、椰糠、珍珠岩、松鳞和一些颗粒介质（如赤玉土、竹炭颗粒）等。这些质轻疏松的介质按照一定的比例混合使得月季上盆更得心应手，而且还能促进月季的根系发育，而加入多元素颗粒缓释肥能为植物提供氮、磷、钾、镁、铁等元素，全面的营养助其生长。对于月季小苗，建议加入三成左右的赤玉土混合使用。

充分掺入颗粒物介质的益菌土。

对于泥炭等含量多的比较轻的土，由于其容易缺水、不易维持盆内土壤环境的稳定，所以如果掺入三成左右的小粒或中粒赤玉土就比较合适了。

## 【调配自家专用土】

按照六七成小粒赤玉土，二三成牛粪堆肥，一二成腐叶土的比例准备介质。

在容器中充分混合。

用石蕊试纸或pH值测定器（如图所示）测定pH值。如果偏酸则用苦土石灰调整到合适的水平。再加入一定量的底肥即完成。

## 自行调配专用土

自己采购介质来调配专用土，可以根据所要养育玫瑰的类型及花盆的材质来调整配方。但每批介质的品质有一定的差别，所以需要相应的辨别能力。还需要混合适量底肥（见65页）及调整pH值。

### 【3种基础介质】

#### 小粒赤玉土

基础土壤。是具有适度的重量、透气性、排水性、保水性、保肥性的土壤。但颗粒破坏后透气性不好，所以需要选择的颗粒比较紧实且有一定硬度。

#### 堆肥

将其混合在基础土壤中，可以起到改良保水性及保肥性的作用，含少量养分。最容易找到的是牛粪的堆肥，要注意，如果用了没有完全腐熟的堆肥，有可能伤根。

#### 腐叶土

这是落叶腐烂后的基质。掺在基础土壤中可以改良透气性和排水性。如果还可以看出树叶的形状，则没有完全腐熟，有可能伤根，要注意避免。

| 第1类 | 第2、3类 | 第4类 |
|---|---|---|
| **小粒赤玉土6：堆肥2：腐叶土2** | **小粒赤玉土6：堆肥3：腐叶土1** | **小粒赤玉土7：堆肥2：腐叶土1** |
| 如果堆肥过多则生长过快，容易出现白粉病，且植株不够强壮。需要少加一些堆肥，耐心培育。 | 其中多数为四季开花型强的品种，而开花需要充足的能量，所以稍多加一些堆肥就能配成维持较长时间的土壤。 | 根系成长能力较弱，不能大量吸水，所以需要增加基础土壤的比例，创造出透气性好且易干的土壤环境来，堆肥的比例也要稍低一些。 |

## 根据玫瑰的类型和花盆调整配方

根据玫瑰的类型（见8～9页）及花盆的材质（见61页）稍微调整配方，更有利于根系的生长。

●透气性好的花盆（红陶花盆、侧面有通气孔的塑料花盆等）=>适宜堆肥稍多的保水性好的土壤

●透气性不好的花盆（菱镁水泥、塑料、树脂花盆等）=>适宜基础土壤、腐叶土稍多的排水性好的土壤

## 选择比买来花苗的盆大两号（口径大6cm）的盆

我们在选择花盆时自然而然地会先关注式样、颜色等，但为了开出更多漂亮的花来，选择为根系创造良好的透气性和排水性环境且适合植株大小的花盆也非常重要。

例如买了6号花盆的大苗，那么在第一次换盆（见86页）时需要选择比买回花苗的时候大两号的（8号）花盆。这时如果一下子换上了10号或更大的盆，除非是透气性特别好的花盆或是长势异常强壮的植株，通常土壤很难干透。玫瑰的根系如果总是处于潮湿的环境下很容易发生烂根，无法健康生长。

对于盆栽开花株或春季销售的3.5～4号盆的一年苗来说，通常也是选择比买来时大两号的花盆。

花盆的形状选择圆形或方形都可以，但方形的不易被风吹倒，比较稳定。

至于花盆的高度，由于玫瑰的根系在深处伸展，尽量避免横向扩展的浅盆，而是选择盆口口径和高度基本相同或是高度大于盆口口径的深盆。用于草花或蔬菜栽培的长条花盆不适合种植玫瑰。

## 需要注意确认好盆底孔的数量和通气孔

玫瑰喜欢透气性和排水性好的环境，所以选择花盆时需要确认盆底孔的状况，如果是底孔比较多或是盆底中部抬升的花盆，透气性和排水性会相对较好。

除此之外，一些塑料或树脂花盆，侧面开有长条隙或通气孔（见61页），这种花盆的空气流通性好，是理想的选择。

从6号花盆到8号花盆，之后再换到10号花盆的直立株型'冰山'（第2类）。花盆为菱镁水泥材质。红陶效果的优雅花盆把白色的花衬托得更加可爱。

大小

约18cm

约24cm

约30cm以上

深度与盆口大小 相当或是大于盆口

$S$（6号花盆）　　$M$（8号花盆）　　$L$（大于10号花盆）

关于花盆的大小，1号＝直径3cm，所以6号花盆为18cm左右。这里虽然介绍了从6号、8号、10号每次增加两号的方法，但如果不希望植株过大，也可以维持相同大小的花盆，只是换土（见115页）。

### 菱镁水泥

用玻璃纤维和黏土等材料制作出自然效果，非常受欢迎。结实且耐寒，比素烧花盆的重量轻。由于其表面及盆底的透气性不太好，所以需要用大粒赤玉土铺在盆底来确保透气性和排水性。

## 材质

根据材质的不同，其透气性和排水性也有所不同。
我们需要综合考虑材质的特性，来选择与品种风格统一的花盆。

### 素烧（红陶）

由于这种花盆表面可以透过空气，非常适合栽培玫瑰，但要注意盛夏时容易发生缺水。为了防止缺水，可以考虑使用稍大一些的花盆，但对于女性来说花盆过重很难移动。另外这种花盆可能因为移动或翻倒或冬天冰冻等原因开裂。

### 树脂

基本与塑料材质相同。树脂的价格偏高但相应的质感也稍好一些，可以直接装饰在门廊一角。为了确保其透气性和排水性，需要在底下铺大粒赤玉土等。翻倒或天寒的情况下易裂。重量轻，便于操作。

通气孔　　长条隙

### 塑料

虽然这种材质本身透气性差，但设计上已经想出在盆底和侧面设置透气和排水孔隙的结构。在盛夏不易发生缺水，翻倒或冰冻也不易开裂。重量轻、易于操作，且价格便宜，但是外观不够雅致，所以可以与素烧花盆等套在一起结合使用。

## 盆底

盆底孔较少的花盆　　侧面有长隙或通气孔的花盆　　盆底孔多的花盆、盆底中部抬升的花盆

↓　　　　↓　　　　↓

透气性、排水性×　　透气性、排水性◎　　透气性、排水性◎

盆底孔较多、盆底中部抬升、侧面有长条隙或通气孔的花盆透气性和排水性好。对于盆底孔较少的花盆，需要先铺3厘米厚的大粒赤玉土等再正常上盆。

# 上午的阳光让玫瑰茁壮成长

## 让玫瑰在阳光下充分展开光合作用吧

选择盆栽玫瑰的放置位置最重要的就是要选阳光充沛的地方。特别是光合作用旺盛的上午时段的阳光尤为重要。虽然部分品种在半日照下也能健康生长，但最好还是尽量放在阳光充足的地方。

虽然光照方向有时无法完全顾及，但最好是放在早上太阳好的东侧到南侧的范围内。而北侧照来的光线通常不太好，西侧通常是下午才有阳光，这样的位置易于造成徒长，且冬季可能会被西风吹伤。

多个花盆摆放在一起时，需要注意位置上不要相互影响光照，尽量避免枝叶彼此遮挡阳光。按照阳光照过来的方向，先放花盆和植株最矮的，把比较高的放在阳光照过来的方向的最后面。

对于第4类那样长势比较弱、容易感染黑斑病的玫瑰品种，建议放在淋不到雨的房檐下或透明屋檐下来栽培，但要注意淋不到雨的地方易发生红蜘蛛。

## 确保与植株大小相应的空间

还有重要的一点是，需要根据类型及株型，预留与植株大小相当的摆放空间。基本的标准为小型玫瑰$30cm^2$，中型玫瑰$50cm^2$，大型玫瑰$1m^2$的空间（见第一章）。

另外，即使是同样的品种，也可以通过控制花盆的大小来控制植株的大小。对于覆盖大面积栅栏或拱门的植物则需要种在较大的花盆中，并预留比较大的空间。

K.Tamaoki

在摆放多个花盆的情况下，需要注意不要让枝叶互相重叠，使每株都能充分接收到阳光，同时还要注意安排出浇水和喷药用的走道。

## 摆放方法

朝向光照一侧，按照从低到高的顺序摆放，这样每株玫瑰都能充分接收到光照。

盆栽玫瑰的优点之一为在开花期可以移到自己喜欢的地方。照片中为'新娘'（第3类）。

## 充分利用花盆架

对于东侧和南侧有矮墙或栅栏等阳光遮挡物的情况，可以借助花盆架等来调整高度。使用花盆架不仅可以防止花盆翻倒，还可以增加花盆底部的透气性而实现通风。对应于栽培玫瑰常用的8号花盆和10号花盆，市场上有各种材质和风格的高矮不一的花盆架可供选择，可以有效克服一些实际栽种时的不利因素。

用花盆架高低错落摆放不仅可以在有限的空间中充分确保采光和通风，同时让整体观赏效果更具动感。

## 摆放空间

根据类型和品种的植株大小来安排花盆的大小和栽种空间。

$S$（30cm²）　$M$（50cm²）　　$L$（1m²）

# 浇水的基本原则

## 干湿过程的周而复始使根系充分伸展

玫瑰的根系在干燥和湿润的反复过程中生长,经历了轻度危机感后会为追求更多的水分而伸展新的细根。

盆栽情况下,在盆土表面干透时给足水分,反复这样的过程则在花盆内创造时干时湿的环境,从而可以使根系充分生长。

如果在土壤还没有干的时候就浇水则容易引起烂根,反之如果过干就会因缺水而干枯。需要在根系受到严重的威胁之前就浇水。

## 用充足的水来更替土壤中的水分

浇水时的要诀是要充分给水而使盆中的水分得到完全替换。如果只是少量浇水则没能到达花盆的各个部分,旧的水分或热量会发生残留而伤根。

另一个要诀是要用装了莲蓬头的喷壶尽量将水喷洒在植株底部,尽量不要把水喷在叶子上。这是因为在阴天叶子上保留有水就易发黑斑病。而如果用水龙头直接连水管而不用莲蓬头的话,水压过大容易把盆土冲散或使土越来越硬,造成根系无法健康生长。

浇水的时间段应该选在光合作用最旺盛的上午,在光照不好的状况下给水会造成植株生长柔弱。如果没有时间浇花,推荐使用滴灌方法(见94页)。

用带莲蓬头的喷壶充分浇水,直到水从盆底流出。上盆时需要注意使土壤平面距离花盆边缘预留3～4cm的高度以备浇水之用(见79页)。如果没有预留浇水的高度,则会导致水土流出或水浇得不均匀。

## 无法判断土壤是否干了怎么办?

首先根据土壤的颜色来判断。湿的时候为深褐色,干了则为浅褐色。但风比较大的时候可能只有土表干了但内部还是湿的。可以用如下方法来判断内部是否干了。

| 观察花及新芽是否发蔫 | 拿起花盆确认重量 | 用手指确认湿气 |
| --- | --- | --- |
| 如果水分不足则枝梢首先呈现症状。如果花或新芽发蔫了则需要马上浇水。 | 盆土干的状态和湿的状态的重量有所差异,可以拿起花盆根据重量来判断。 | 把手指插到土壤中确认湿度状况。如果花盆比较大,可以用一次性筷子插进去确认一下。 |

# 用慢肥养壮植株

## 上盆时放底肥、生长期时追肥

底肥是指在上盆时将缓释性肥料掺到土壤中，可以长时间持续发挥肥力。

但仅靠底肥也不能完全满足玫瑰全年所需补充的营养成分。而肥力不足可能会造成无法萌出强壮的新芽、枝叶不能正常生长、叶色不好而不能充分地进行光合作用。也就会相应发生花朵数量和花瓣数量减少、花色和花形不够理想等问题。

因此需要在玫瑰的生长期即3~11月份追肥，每种肥料的追肥时机不同，需要根据包装上注明的数量和次数进行。为了防止错过追肥时间，推荐在每月初月历换页的时候用一次缓释性放置肥料。

## 如果肥料过多反倒会使植株变弱

就像人如果胡吃海喝了很多重口味的食物会把肠胃弄坏一样，对于玫瑰来说如果施肥过量也会造成枝叶柔弱或受到蚜虫的困扰，甚至会发生根系受损而导致植株突然枯萎的情况。缓释性肥料稍多一点也不会有太大的问题，但速效肥料如果搞错倍率和用量则很快就会造成枯死了。

所以不要急于一朝一夕，还是要循序渐进地以培育健康玫瑰为目标。

### 化肥

即化学合成肥料，比有机肥见效快，在需要植株迅速生长的情况下使用。但过度使用易发白粉病，且会使植株老化速度过快。如果是放置型肥料，建议选用三元素等比（近于N：P：K=10：10：10等的产品）的玫瑰专用类型化肥。

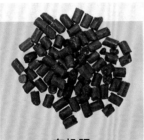

### 有机肥

这是以动植物为原料的肥料，虽然比化肥见效慢，但除了氮（N）、磷（P）、钾（K）三元素以外还含有丰富的微量元素，对于增加土壤中的有益微生物很有效。如果是放置型肥料，建议选用三元素等量（N：P：K=3：3：3）的玫瑰专用类型有机肥。

### 根据情况区分使用有机肥和化肥

对于第1、2、4类的健康植株，建议使用有机肥。这类肥料虽然见效缓慢，但可以使叶片厚实，，即使发病落叶也会很快发出新芽，打造出自愈能力强的植株，而且可以使枝条木质化、强韧，足以抵御台风等恶劣气候。对于第3类，其中杂交茶香月季这样的枝条寿命短（平均3~4年）的品种较多，而见效快的化肥可以促进其经常发出新枝（抽条），对需要不断更新枝条的栽培方法来说是非常推荐的。如果持续使用化肥虽然生长得快，但相应的也易于老化，所以可以通过交替使用化肥和有机肥来培育出长时间保持良好状态的玫瑰。关于每种类型使用有机肥和化肥的具体区分及施肥控制等问题，请参考74~77页的盆栽玫瑰全年栽培表。

# 掌握修剪的3个原则

## 通过修剪来调整株高

修剪分为花后修剪（减掉残花）、夏季修剪、冬季修剪。如果不进行修剪则植株不断长高，开花位置过高就会影响观赏了。

在花后修剪时将花枝回剪到一半的长度，便于之后的花和新芽向上生长。

虽然有些情况下不需要夏季修剪，但在高温多湿的日本，对于一些四季开花的玫瑰，即使是相同的品种也比在欧美地区长得更长，如果不适当修剪的话，可能只能从下面仰头看花了。相比之下，秋天玫瑰开花的情景从上往下看更美一些，所以可以通过修剪来把开花高度调整到易于观赏的位置。这样一则让整体开花期比较集中，二则降低高度后也利于对抗台风侵袭。

冬季修剪则是在休眠期调节高度，使春季开花规整、观赏效果更好。由于枝条变短后易于发出新的抽条，所以同时也可以更新枝条及防止植株老化。

夏天的修剪会让秋天玫瑰绽放出美丽的花朵。

## 粗枝用锯更方便

如果需要将老枝从底部去除进行更新的话，一些修枝剪不好剪的枝条建议用锯来解决。推荐使用前端比较窄而可以伸到枝条之间的轻型折叠锯。

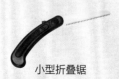

小型折叠锯

第3类大花茶香月季枝条寿命短的比较多，如果有比较健壮的3~4个新枝，就可以锯掉长势不好的老枝进行更新。

## 修枝剪的使用方法

请尽量挑选重量适中并顺手的修枝剪。修剪时要将有刃的一边朝向留下的枝条一侧。

有刃的一边

平的一边

有刃的一边

平的一边

✕ 平的一边将留下的枝压伤。

平的一边

有刃的一边

留下的枝

〇 用有刃的一边尽量不伤到留下的枝条部分而果断剪下。

夏季修剪和冬季修剪遵循以下3个原则，不仅能打造漂亮的株型，还能开出绚烂的花朵来。

## 修剪的3个原则

# 1

## 根据花朵大小来调整修剪枝条的粗细

对于大花月季来说，如果枝条不够粗壮就无法开出足够大的花或没有花芽，反之对于小花品种来说很细的枝条也可以正常开花。所以需要根据花朵大小来变换修剪枝条的粗细标准。

【大花】在铅笔粗细（直径8～10mm）的地方深度修剪。

【中花】剪到一次性筷子粗细的地方（直径5～6mm）。

【小花】在比牙签稍粗一点的地方（直径3～4mm）轻度修剪。

# 2

## 在芽上5～10mm处横向平剪

在芽（以前的叶柄根部）的上方5～10mm位置横向平着果断剪开。如果芽上留得过多则这一部分会出现干枯。在落叶后留下的叶柄痕迹稍向上一点的位置就会有芽，所以在看不清芽的时候可以找一下落叶留下的痕迹。

用刃比较锋利的修枝剪果断横向剪短。注意如果斜着剪则切口过大容易干枯，造成无法萌出强壮的芽来。

芽

落叶痕迹

# 3

## 判断芽的朝向，按照想要的株型来预留合适方向的芽

如果在朝外的芽（外芽）上方剪开则新枝向外伸展，如果在朝内的芽（内芽）上方剪开则新枝向内侧伸展。所以需要思考整体的感觉来通过修剪打造自己理想的株型。

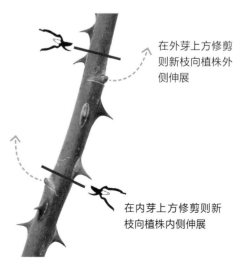

在外芽上方修剪则新枝向植株外侧伸展

在内芽上方修剪则新枝向植株内侧伸展

## 冬季修剪

⇒84页

◎时机

12月中下旬~次年2月中上旬的休眠期之中。

◎目的、效果

无论是四季开花还是单季开花品种，将其调节到易于观赏的高度，而且通过有规律修剪可以达到春天一齐怒放的效果。同时将株高降低后可以使养分集中在底部，使底部易于发出新枝，有利于枝条更新，防止植株老化。

如果配合花朵大小将枝条回剪到合适的高度和粗细则植株有可能超常发挥，开出特别大的单花或是特别大簇的簇生花来。

◎修剪方法

各种株型和品种不尽相同，但基本都需要修剪到整体1/3~1/2的高度。

如果想要让冬季修剪更有成效，就需要在修剪前让植株充分休眠。由于玫瑰在气温降低及水分减少时进入休眠状态，所以建议从11月中旬左右开始为冬季修剪做准备而将浇水的间隔时间稍拉长。但要注意的是，如果浇水量过度减少会对根系造成不良影响。

在休眠期间将高度压缩到整体的1/3~1/2程度。这样春天花朵就会在最合适的高度上齐放。

## 夏季修剪

⇒94~97页

◎时机

8月下旬~9月中上旬。

◎目的、效果

四季开花的品种需要进行夏季修剪。以此调节整体高度，同时由于秋季玫瑰开花的最好观赏角度是从上方观赏，所以通过修剪可以实现秋天在最佳观赏位置一齐开花的效果。而且通过修剪可以控制整体高度，有助于防止台风侵害。

◎修剪方法

各种株型和品系不尽相同，但基本都需要修剪到整体2/3~3/4的高度。

过早修剪可能因高温余暑而造成花瓣数减少或开不出正常的花来等情况。但修剪得过晚又可能因为夜间温度太低而无法形成花芽，欣赏不到秋花。

各种株型和品系的修剪时间不同，需要注意选取合适的时机修剪。

将高度修剪到2/3~3/4的程度后，秋天可以在最好的观赏位置上一齐开花。

## 花后回剪

⇒102~105页

◎时机

5~8月份、10~11月份。无论是单季开花和四季开花品种都是在开花过后进行。

◎目的、效果

如果剪掉开过的花则很容易在切口下方发出新的花枝来。如果不剪掉开过的花则会结出果实（玫瑰果），消耗长势，之后就不易开花或不易发出新的枝条来。特别是盆栽玫瑰的根系有限，除野生品种外通常不要让植株结果。

◎修剪方法

花瓣散开或花朵已经没有观赏价值时，在花枝一半部位上的大叶（5叶或7叶，见49页）上方5~10mm的位置剪除。如果想要选取初开或已经开了的花作为鲜切花，也在同样的位置剪。

开花结束后，从花枝的中间部位选取强壮的叶片上方位置剪断。

# 有效牵引会让藤本玫瑰开得更美

### 通过弯曲枝条来调动开花能力

通常要在12月中旬~次年2月上旬，即新芽开始萌动之前，完成藤蔓型月季的牵引作业。对于灌木株型的品种来说，如果想要把植株塑造成藤本玫瑰的效果，则也要在这个时期进行。直立株型不需要这项操作。

玫瑰有"顶端优势"的特性（见70页），养分集中在较高的枝头上，新芽也往往从这里伸展出来。所以对于藤本玫瑰来说，如果不有意识地牵引枝条，花就会集中在高处的枝头上。

如果想在塔架、花格、拱门等上开满花，则需要将枝条向斜上方或近于水平的方向上牵引，这样就可以打破顶端优势而在枝条上平均分配养分。通过有效的牵引可以使小花品种全枝条开花，中花或大花品种从花枝中间部位开始直到顶端都开花。

## 牵引的原则

通常使用塑料园艺绑线或麻绳牵引弯曲的枝条固定在支撑物上。由于枝条生长过程中会逐渐变粗，所以绑扎时需要注意留一定的空余。比较柔软的枝条用硬芯绑线绑扎时容易受伤，所以推荐用麻绳来固定。

塑料园艺绑线

麻绳

【麻绳】
先挂住枝条8字交叉后在支撑物一侧打结。

【塑料园艺绑线】
留出枝条变粗的空余后在支撑物一侧拧好即可完成固定。

## 用于牵引的支撑物

根据花盆的大小来选择插到花盆中的花架。建议选择比较结实的材质所制成的花架，以有效支撑强健的玫瑰植株。

### 1. 塔架

可以在狭窄的空间里立体演绎藤本玫瑰的精彩，最好选择能将内侧抽条向外侧牵引的塔架结构。

### 2. 花格

可以使玫瑰铺开很大的面积，如果一个花盆插不下，可以二三个花盆共用（如63页上图）。

### 3. 拱门

在两端各放一个花盆分别向中心牵引，适合用在露台或作为花园的视觉焦点。

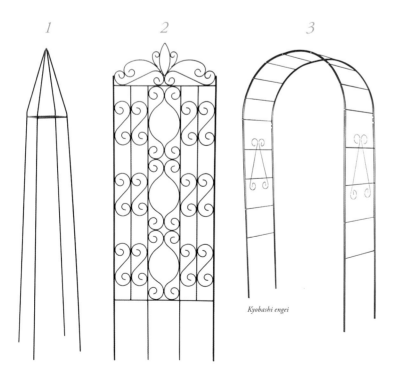

*1*  *2*  *3*

*Kyobashi engei*

# 了解「顶端优势」

**为什么需要修剪和牵引?**

所谓顶端优势是指优先枝条顶端的芽生长的特性。据笔者的观察,在春天以外的其他季节里,这种顶端优势作用不是以枝条为单位的,而是以整体植株为单位的,也就是说最优先生长高枝上的顶芽。

将顶端优势的特性有效运用在玫瑰栽培之中,可以使花开得更加繁盛。

首先,在修剪时如果整体回剪成同一高度,由于顶端优势的作用,所有枝条都可以均衡地萌出新芽且有效增加花枝。反之如果剪得高低错落则高处的枝上会开花,但低处的枝条就不太会开花了。

牵引作业也是同理,如果将枝条横向引导则不仅在枝条前端,而是整根枝条都会开花。枝条横向牵引的角度与花朵大小有关,具体请参考111页的内容。

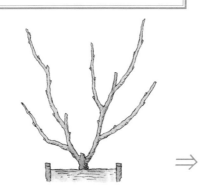

### 没有修剪的情况下

养分集中在高处枝条前端的芽会优先生长,而低处枝条的养分不足则生长状况不佳。

在生长状况好的枝条尖端发出很多簇生的细枝,无法开出效果好的花来。低处的枝条花朵数较少。

春天的萌芽。顶端优势的性质,树枝的前端新芽生长良好。

### 修剪过的情况下

通过修剪而调整成了均衡的高度,每个枝条都有充足的养分,发出很多新芽。

花枝整齐,所有的花一同绽放。对于冬季充分休眠的健康植株来说,春季还会发出腋芽或从下部发出芽来。

# 低农药效果

## 药剂包括杀菌剂和杀虫剂

人们通过杂交育种，不仅将单季开花的品种培育成四季开花，甚至还实现了芳香、重瓣和丰富的花色等效果。但在这些杂交过程不能兼顾到抗病性的优选时，就出现了一些不用药就会患病而无法正常生长的品种。特别是第3类和第4类玫瑰，必须用药。

药剂包括杀菌剂、杀虫剂，也有将二者混合在一起的杀虫杀菌剂。请根据需要相应用药。建议不要等症状出现时再喷药，而是在相应病症发生的季节前喷洒杀菌剂进行预防。

## 手持喷壶型最适合盆栽时使用

花盆栽培用药主要是用水稀释药剂后使用喷雾器喷洒的方式。

稀释类型药剂适用于类似藤本月季那样面积比较大的或很多花盆一起喷药的情况。

如果长期使用同样的药剂可能会造成病虫害的抗药性增强而效果不佳，故几种药轮流使用是最有效的。

病虫害经常会发生在叶子的背面，所以喷药的时候要注意将叶背面喷足。由于向叶背喷的药也会有一些到达叶子表面，所以喷洒比例为叶背7、叶表3即可。

## 适合盆栽玫瑰的药剂

### 蚍虫林

这是对蚜虫、蓟马、飞虱、网蝽、毛毛虫等常见害虫都有效的杀虫剂（对红蜘蛛无效）。杀虫广谱，能有效解决每年春季玫瑰月季上蚜虫爆发的问题。使用稀释倍数根据说明而定，一般是1000倍液，连用两次、间隔3~4天即可。

### 阿维菌素

一种广谱的杀虫、杀螨剂，是高效的低毒性农药，杀灭红蜘蛛及其他害虫的效果非常不错，一般稀释1000倍使用。阿维菌素对螨类和昆虫具有胃毒和触杀作用，因此不能杀灭虫卵。

### 石硫合剂

石硫合剂能通过渗透和侵蚀病菌和害虫体壁来杀死病虫害及虫卵，对预防及控制月季最常见的白粉病和黑斑病的效果非常明显。因为很多月季品种对硫元素敏感，易引起脱水干枯黄叶，所以月季休眠期和早春萌芽前，是使用石硫合剂的最佳时期，大苗最好是叶片落光后使用。

### 代森锰锌、百菌清、多菌灵

适合由真菌引起的白粉病、炭疽病和根腐等病害，使用此类药进行防治是非常有效的。这类药在使用期间可以交替使用增强效果。

## 稀释方法

对于稀释类型的药剂，可以用水稀释到标准的倍率，再用小型喷雾器等喷洒。

先在量杯里放入预计稀释液总量的1/3左右的水（如果想要1L的稀释液则这时放入300ml左右的水），加入规定量的药剂后用棒充分搅拌。

边用搅拌棒搅拌边将剩余的2/3量的水慢慢加入。达到规定量后再倒入喷雾器中。

## 在叶片展开前喷药可以减少农药量

黑斑病或白粉病的病原菌潜伏在柔软的新芽和新叶处。叶子展开前预防性喷药可以抑制病原菌扩大范围，从而大量减少农药喷洒量。

在叶子展开前预防性喷洒杀菌剂可以减少整体的喷洒量。

# 常见玫瑰病虫害

## 病害

如果发病则叶片无法完成光合作用而影响正常生长。
同时如果花朵发病则会影响观赏效果。
❶ 主要发生时期　❷ 易发生部位　❸ 特征及对策

### 灰霉病

❶ 6~7月份、9~10月份　❷ 花　❸ 多湿环境中及长时间下雨时易发，在花上发生点状斑。如果发展下去花会整朵烂掉。需要将花盆移至雨水淋不到的地方，并要注意不要放在通风不好且湿度高的地方喷洒杀菌剂。

### 白粉病

❶ 3~6月份、9~11月份　❷ 新芽、新枝叶、茎、花萼、花　❸ 新芽或嫩叶上附着白粉状霉菌。应选择光照好、通风好的地方，并注意不要施肥过量。发病初期可以用水清洗或喷洒杀菌剂，如"多菌灵""百菌清"等。

### 黑斑病

❶ 6~11月份　❷ 底叶等比较硬的叶子上　❸ 长时间降雨后发病且落叶。在淋不到雨的地方栽培或在持续降雨时将花盆移到房檐下。选择长势强劲或抗病性强的品种。预防性喷洒杀菌剂，如"石硫合剂"等。

## 害虫

玫瑰有很多种害虫。
需要仔细观察，在发生初期时杀死或用杀虫剂驱除。
❶ 主要发生时期　❷ 易发生部位　❸ 特征及对策

### 金龟子

❶ 6~9月份　❷ 根、叶　❸ 其幼虫啃食植物根系而影响生长。常发生于未完全腐熟的堆肥或腐叶土中。可以轻度修剪枝条尖端后更换盆土捕杀。定期喷药则不易出现这种害虫。

### 玫瑰象鼻虫

❶ 开花时　❷ 花蕾　❸ 开花前在花蕾产卵，使花蕾枯萎或掉落。通常发生于无农药栽培的状况下。定期喷药的地方基本不会发现。发现后逐个捕杀。

### 蓟马类

❶ 5~11月份　❷ 新芽、蕾、花　❸ 吸取新芽及花的汁液，使叶子变形、降低花的观赏价值。需要把花逐朵摘下并封在塑料袋里处理掉。喷洒杀虫剂。

### 蚜虫

❶ 3~11月份　❷ 新芽、新枝叶　❸ 吸取树汁而影响生长状况。传播病症且其排泄物会导致其他病症发生。易发于肥水过度或日照不足而导致植株柔弱的情况下。需要喷药。

### 红蜘蛛类

❶ 6~9月份　❷ 叶背　❸ 通常发生于淋不到雨的地方。其从叶背吸取树汁而使植株长势减弱。其繁殖迅速，很容易突然大规模爆发。用水压清洗叶背并喷杀红蜘蛛的药。

### 介壳虫类

Y.Kusama

❶ 6月份~次年2月份　❷ 老枝　❸ 在高温的夏天等时候附着在枝条上，呈白色或茶色斑点状，其从植株吸取养分而影响长势，植株较老时易发。需要喷过药后用牙刷清除斑点。

### 叶蜂、夜蛾类

❶ 5~10月份　❷ 新芽、新枝叶　❸ 由于它们体型比同时期的害虫大很多，所以几乎会成为叶子上的霸主。初期会发现叶子被啃食，一旦发现就要把整片叶子摘除、捕杀或喷洒杀虫剂。

叶蜂幼虫　　　　　夜蛾幼虫

# 第四章

# 让盆栽玫瑰开出美花的诀窍

这里将按照春季、梅雨季、夏季、秋季、冬季5个季节来介绍让盆栽玫瑰开出美丽花朵的技巧。本书中是从春季开始介绍的，虽然全年都可以购买的盆栽大苗在任意时节都可以着手栽培，但大苗通常是在晚秋或早春购买。除此之外，也可以参考74～77页的全年栽培表。

（注）为了使插图更加直观易懂，这里将一些叶子和刺省略了。

# 盆栽玫瑰全年栽培表

按照 株型 类型 的提示操作，就可使玫瑰开出美丽的花朵

具体步骤请参考78页起的详细介绍内容。第1~4类的方法各有不同（见77页）。日常管理方面（浇水、追肥、用药等），直立株型和灌木株型的处理基本相同。按照株型列出所需进行的处理（修剪、牵引等）。

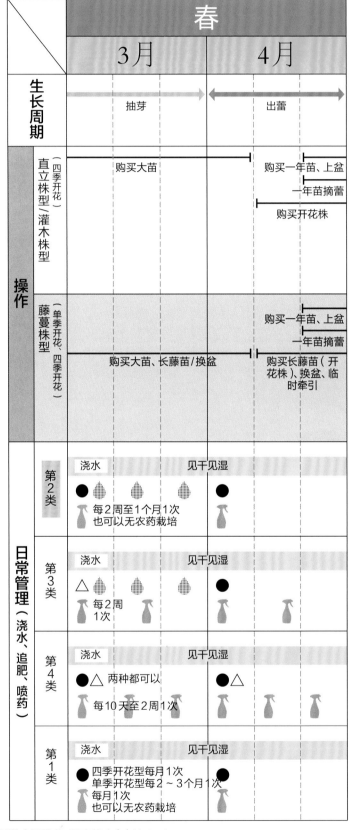

| | | | 春 | |
|---|---|---|---|---|
| | | | 3月 | 4月 |
| 生长周期 | | | 抽芽 | 出蕾 |
| 操作 | 直立株型、灌木株型（四季开花） | | 购买大苗 | 购买一年苗、上盆 / 一年苗摘蕾 / 购买开花株 |
| | 藤蔓株型（单季开花、四季开花） | | 购买大苗、长藤苗/换盆 | 购买一年苗、上盆 / 一年苗摘蕾 / 购买长藤苗（开花株）、换盆、临时牵引 |
| 日常管理（浇水、追肥、喷药） | 第2类 | 浇水 | 见干见湿 ● ● | ● |
| | | | 每2周至1个月1次 也可以无农药栽培 | |
| | 第3类 | 浇水 | 见干见湿 △ ● ● | ● |
| | | | 每2周1次 | |
| | 第4类 | 浇水 | 见干见湿 ●△两种都可以 | ●△ |
| | | | 每10天至2周1次 | |
| | 第1类 | 浇水 | 见干见湿 ●四季开花型每月1次 单季开花型每2~3个月1次 | ● |
| | | | 每月1次 也可以无农药栽培 | |

K.Tamaoki

直立株型的'娜塔莎·理查德森'（Natasha Richardson）（第2类）。

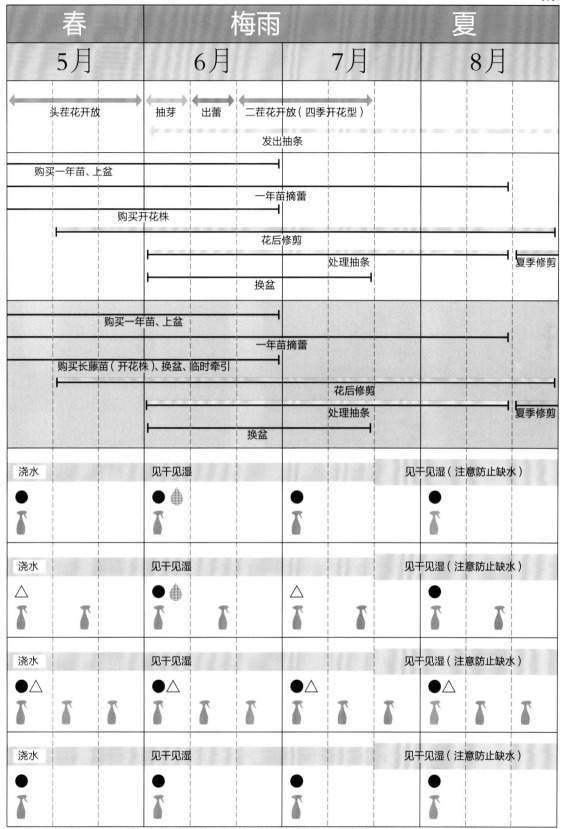

| 春 | 梅雨 | | 夏 |
|---|---|---|---|
| 5月 | 6月 | 7月 | 8月 |

头茬花开放　｜　抽芽　｜　出蕾　｜　二茬花开放（四季开花型）

发出抽条

购买一年苗、上盆

一年苗摘蕾

购买开花株

花后修剪

处理抽条　｜　夏季修剪

换盆

---

购买一年苗、上盆

一年苗摘蕾

购买长藤苗（开花株）、换盆、临时牵引

花后修剪

处理抽条　｜　夏季修剪

换盆

---

| 浇水 | 见干见湿 | | 见干见湿（注意防止缺水） |
| ● | ● ⬦ | ● | ● |

| 浇水 | 见干见湿 | | 见干见湿（注意防止缺水） |
| △ | ● ⬦ | △ | ● |

| 浇水 | 见干见湿 | | 见干见湿（注意防止缺水） |
| ●△ | ●△ | ●△ | ●△ |

| 浇水 | 见干见湿 | | 见干见湿（注意防止缺水） |
| ● | ● | ● | ● |

*这是以日本关东以西平原地区为参考标注的，类似中国长江流域地区。因居住地区的气候、品种不同其生长周期和日常管理方法相应有些变化。

| | 秋 | | | 冬 |
|---|---|---|---|---|
| | 9月 | 10月 | 11月 | 12月 |
| **生长周期** | 新芽伸展 | 出蕾　开秋季头茬花（四季开花型） | 开秋季二茬花（四季开花型） | |
| | 发出抽条 | | 红叶 | 落叶 |

**操作**

直立株型/灌木株型（四季开花）
- 购买大苗（11月—12月）
- 购买开花株（10月—11月）
- 花后修剪（10月—11月）
- 夏季修剪（9月）
- 冬季修剪（12月）
- 换盆、换土（12月）

藤蔓株型（单季开花、四季开花）
- 购买大苗、长藤苗/换盆（11月—12月）
- 花后修剪（10月—11月）
- 夏季修剪（9月）
- 冬季修剪、牵引（12月）
- 换盆、换土（12月）

**日常管理（浇水、追肥、喷药）**

第2类
- 浇水：见干见湿　12月 见干见湿（减少次数）
- 每2周至1个月1次，也可以无农药栽培，休眠期间每2个月1次

第3类
- 浇水：见干见湿　12月 见干见湿（减少次数）
- 每2周1次，休眠期间每月1次

第4类
- 浇水：见干见湿　12月 见干见湿（减少次数）
- ●△两种都可以
- 每2周1次，休眠期间每月1次

第1类
- 浇水：见干见湿　12月 见干见湿（减少次数）
- 四季开花型每个月1次，单季开花型每2~3个月1次，休眠期间不需要
- 每个月1次或也可以无农药栽培，休眠期间不需要

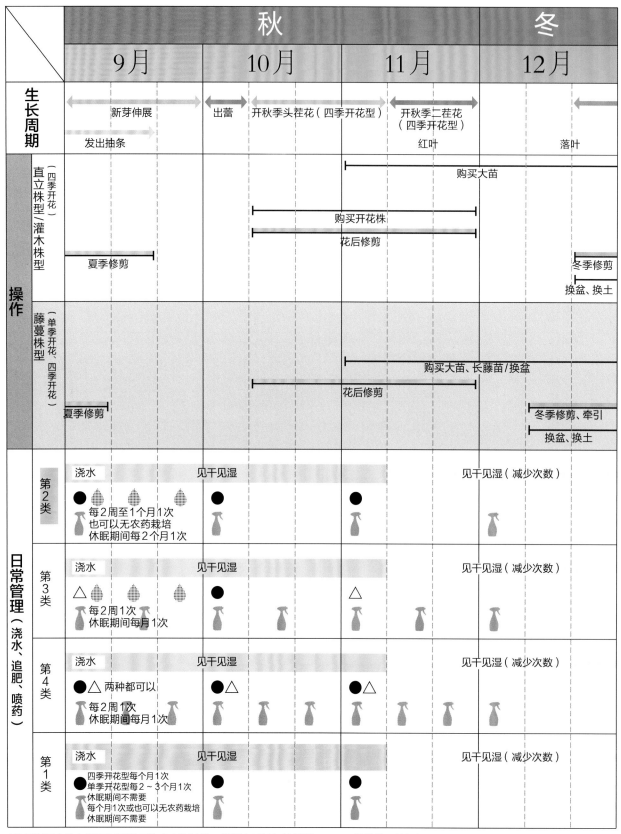

*这是以日本关东以西平原地区为参考标注的，类似中国长江流域地区。因居住的地区的气候、品种不同，玫瑰的生长周期和日常管理方法相应有些变化。

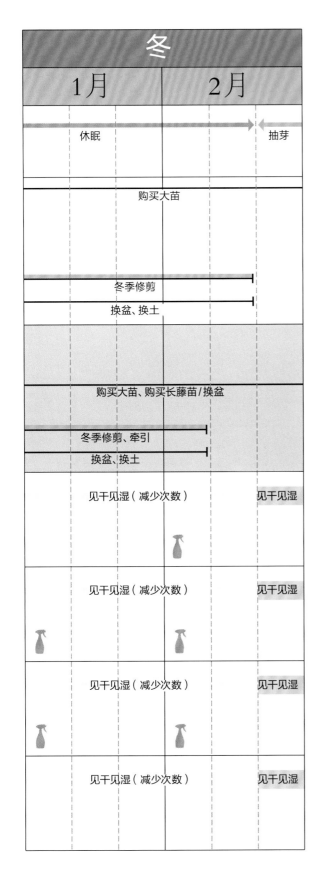

## 冬

| 1月 | 2月 |
|---|---|
| 休眠 → | 抽芽 |
| 购买大苗 | |
| 冬季修剪 | |
| 换盆、换土 | |
| 购买大苗、购买长藤苗/换盆 | |
| 冬季修剪、牵引 | |
| 换盆、换土 | |
| 见干见湿（减少次数） | 见干见湿 |
| 见干见湿（减少次数） | 见干见湿 |
| 见干见湿（减少次数） | 见干见湿 |
| 见干见湿（减少次数） | 见干见湿 |
| 见干见湿（减少次数） | 见干见湿 |

# 各类型施肥与用药管理

## 肥料的用法

**第1类**

**推荐使用有机肥料**

可以有条不紊地培育健壮植株。

单季开花型不是很需要追肥。

**第2类**

**推荐使用有机肥料但也可以用化肥**

多数为株型紧凑且从春季到秋季反复开花的品种，需要不断补充能量。春季出芽时或夏季修剪后配合使用速效液体肥料效果更佳。

**第3类**

**推荐单月用化肥、双月用有机肥的轮换方式**

春季出芽时及夏季修剪后配合使用速效液体肥料效果更佳。

**第4类**

**有机肥、化肥都可以**

在发生黑斑病等落叶情况而活力不足时可以间隔一个月不给肥或是肥量减半。

## 用药方法

**第1类**：即使发生少量落叶，只要枝条和根系健壮成长就可以一直维持无农药状态。

**第2类**：只喷少量药就可以维持健康的叶子、开出颇具魅力的花朵来。也可以采用无农药栽培。

**第3、4类**：必须要喷药。如果采用无农药栽培则可能会造成整枝枯萎，使玫瑰陷于不健康的状态。

## 关于日常管理

[浇水] **见干见湿**（常规浇水方式）

➡土壤表面干透后浇水至水从盆底孔流出水的程度。

**见干见湿（注意避免缺水）**

➡第一类的品种长势强劲，从叶子蒸发的水量较多，在盛夏高温期需要注意避免缺水而勤浇水。

**见干见湿（减少次数）**

➡在冬季修剪之前及休眠期间要注意不能浇水过多。如果土还没有干就浇水的话有可能造成烂根。

[追肥] 缓释型放置肥料（有机肥● 化肥△）
速效液体肥料

※生长期每月施肥1次，每次月历换页的时候都想一下要在月初施肥的事情，就不容易忘了。

※这里标出的次数仅是参考值，具体还要根据每种商品的规定量来施肥。如果施肥过量可能反会造成植株虚弱而易于发生病虫害。特别是第4类的施用量，需要比规定量稍少一些。

[喷药]

※请使用适宜玫瑰使用的药剂。

※喷药时需要穿长袖衣服并佩戴手套、口罩、护目镜。喷药结束后需要漱口并注意充分洗手洗脸。

# 春

## Spring
## 3～5月份

『克劳德·莫奈』

# 购买花苗

**可以根据已经开放的花朵选择自己喜欢的品种**

　　春季买花苗最大的优点就是可以看到实际开花的样子，以此为依据选购。

　　在春天上市销售的一年苗、盆栽大苗、开花株、长藤开花株之中，新手最适合的应该就是盆栽苗中的开花株了。这样的花买回来在梅雨季之前都不需要换盆，直接把买来的花原盆摆放好，马上就可以着手培育了。如果觉得塑料花盆不好看，也可以选择大上两圈的红陶花盆套在盆花外面，即可达到美观的效果。

**一年苗**

这可以说是刚从"幼儿园"升上"小学"的小苗。如果已经熟悉了玫瑰的栽培，无论是强壮的第1、2类还是对环境变化敏感的第4类，都最好还是从一年苗开始，让植株边适应环境边逐步培育起来。

**开花株**

这是在前一年秋天到冬天之间的时期栽种到6号花盆的盆栽大苗，在春天时以带花或带花蕾的状态销售。这是现在玫瑰苗的主流。可以根据花朵大小和颜色来选购。

**长藤开花株**

在花盆中培育了一季灌木型或藤蔓型的苗，可以马上在支撑物上牵引。单季开花品种如果在冬季深度修剪则次年春天可能不开花，因此强烈推荐买长藤苗。

# 一年苗上盆

一年苗通常是种在3.5～4号营养钵中销售，所以需要买来后马上栽到6号花盆之中。要注意保护嫁接处，小心地从营养钵中取出，上盆时不要将嫁接处埋在土中。不要打散根系土团。

**1** 向花盆中加土。如图所示，如果是盆底孔多、透气性好的花盆则不需要在盆底另外铺赤玉土。

**4** 保持土团不散的状态放入花盆中，在土团与花盆之间填入土，注意要露出嫁接口部位。

【 需要准备的物品 】

- ·一年苗
- ·6号花盆
- ·土（市场上销售的掺入底肥的玫瑰专用专用土或自家配制的专用土）
- ·铲子
- ·喷壶
- ·修枝剪等

**2** 将已经摘蕾或去花的花苗连同营养钵一同放入，调整土的高度使土面上预留3cm左右的浇水高度。

**5** 加足土，摇动花盆同时在地面轻搣，使土填满空隙，注意不要用手压土。

## *Point*

◎去除花和花蕾

◎如果花盆底孔较少，则需要在底部先铺上大粒赤玉土等

◎土团种入6号花盆中

◎不要用手来压实土壤

◎如果嫁接接口上留有胶带的话不要撕掉

用修枝剪剪去花蕾和花以把养分供给给植株生长，尽量保留叶子。

**3** 用食指和中指夹住植株底部后倒转花苗、拿掉营养钵。如果有支柱的话保持支柱的状态。

**6** 用喷壶充分浇水，直至盆底流出水来。放置30分钟后再充分浇水一次。

# 长藤苗换盆

开花的长藤苗枝叶繁多，从叶片处水分蒸发比较旺盛，故容易缺水。

长藤苗在买来后尽快换到10号或更大的花盆中。

## 【需要准备的物品】

· 开花长藤苗
· 不小于10号的花盆
· 土（市场上销售的掺入底肥的玫瑰专用土或自家配制的土）
· 大粒赤玉土
· 铲子
· 喷壶等

## Point

◎ 生长迅速易缺水，需要换至少10号花盆

◎ 如果盆底孔较少，则需要先铺大粒赤玉土

◎ 不要打散土团

◎ 预留3～4cm的浇水高度

◎ 上盆后先充分浇水一次，间隔30分钟再浇一次

如图所示，底孔较少的花盆其透气性不足，需要先铺上3cm左右的大粒赤玉土。

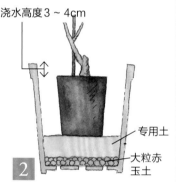

浇水高度3～4cm

专用土

大粒赤玉土

在赤玉土上放专用土，专用土的高度标准为连同花盆一起放在土层上后，能有3～4cm的预留浇水高度。

从苗盆中取出苗来放入花盆并加足土。如果花苗本身有支架的话保留原状即可。之后摇动花盆使土壤压实。浇水后完成。

## 如果根从花盆底孔钻出来了？

对于长势比较强劲的藤本月季或灌木月季来说，使用较小的6号花盆来栽种的话根系很快就会充满花盆。在生长期换盆时通常不要破坏根部土团，但如果根系钻出花盆而无法分离时，则需要剪断钻出的根取出苗来，同时还要将土团稍微打散再栽到花盆中。

用剪刀将从花盆底孔钻出的根剪断后拔出土团。拔不出来的时候将花盆横过来轻轻敲打花盆侧壁即可。

将比较硬的土团表面用指尖稍挑松一点，这样根系与土壤容易结合起来。

打散到如图中程度即可栽种。注意如果把土团打得太散则容易伤根，影响水肥吸收效果。

# 临时牵引长藤苗

➡ 尖顶塔架

开花长藤苗在换盆的同时要搭起支撑物进行临时牵引。

由于植株处于生长期，不要强行弯曲。

牵引的具体技巧请参考106～111页。

## 【需要准备的物品】

· 换盆至10号盆以上的开花长藤苗
· 尖顶塔架（高1～1.8m）
· 塑料园艺绑线或麻绳
· 修枝剪等

将6号盆开花长藤苗换至10号花盆的状态（见80页）。

## *P o i n t*

◎ 将枝条按照粗细和长度等分为3～4份，将又粗又长的枝条牵引到支架上部，较短较细的枝条牵引到下部

◎ 将枝条牵引在塔架外侧（不要从内侧穿过）

◎ 使枝条之间分开5～10cm，如果需要重叠时尽量进行点交叉（见106页）

◎ 四季开花型在牵引后剪掉花朵

剪除花朵后，养分供应给植株生长，玫瑰可以在以后开更多花。对于单季开花的品种则在观花过后进行花后修剪（见84页）。

又粗又长的枝条❶
又粗又长的枝条❷
短枝、细枝❸

**1** 去掉支架，将又粗又长的枝条❶❷左右两边分开，将短枝、细枝❸放在前面并按照整体的量等分为3～4份。

**2** 将尖顶塔架稳固插好，把左右两边的粗枝缓慢向斜上方牵引并用绑线或麻绳固定。

**3** 将粗枝牵引到上部后再将短枝牵引到下部就完成了。

使用绑线或麻绳临时沿塔架自然固定。在固定时需要注意预留出枝条变粗的空间，不要拉得过紧。冬季的时候再重新做牵引。

## 新手可以只沿着塔架固定枝条即可

生长期如果过度弯曲枝条会使枝条承受过大负担。处于生长期的枝条比休眠期更易折损，所以如果是对牵引没什么经验的新手，可以只沿着塔架简单固定，让长枝条不妨碍人、不容易被强风刮断即可。等到冬季落叶进入休眠期以后再正式牵引（见106～111页），用花格、拱门时也是同样的处理方法。

如果在牵引过程中不小心折断了枝条，则应将折断地方小心缠上胶布，然后不要施压，自然固定在支撑物上即可。

木村秘籍

## 将枝条尽量集中到观赏面的一侧

虽然在塔架上平均分配枝条的方法更简单易行一些，但对于类似花盆靠墙摆放而只从一个角度观赏等情况，如果将枝条尽量牵引到观赏一侧，在枝条数量不变的情况下更容易观赏到丰富的花朵。

【墙侧】

【观赏侧】集中枝条

由于在靠墙的一侧阳光不好，不容易坐花，即使开花也很难看到，所以需要将枝条尽量集中牵引在观赏一侧。

使切口面向观赏侧，剪短枝条可以促进分枝而增加开花数量。

# 临时牵引长藤苗

↓ 塔架、花格、拱门

要注意玫瑰生长长期以生长优先，不要强行弄弯枝条，而是大体沿支撑物固定即可。

如果想要用塔架、花格、拱门来做出效果，有时需要先换到大盆以后再做枝条临时牵引。

【需要准备的物品】

· 换盆至10号盆以上的开花长藤苗2株
· 塔架、花格（高1.0 ~ 1.8m）
· 塑料园艺绑线或麻绳
· 修枝剪等

## 塔架、花格

硬枝不要弯曲，直接固定，柔软的枝条分到左右两边，用麻绳或塑料园艺绑线固定。

### *Point*

◎ 硬枝不要弯曲，直接牵引

◎ 软枝分到两边牵引

◎ 如果发出抽条枝条数增加则在冬季进行调整（见108 ~ 109页）

## 拱门

【需要准备的物品】

· 换盆至10号盆以上的开花长藤苗
· 拱门（高2m左右）
· 塑料园艺绑线或麻绳
· 修枝剪等

盆栽的情况下，由一盆覆盖整体拱门比较困难，所以用两盆（两株）分别从两侧牵引。用麻绳或园艺绑线固定时注意不要把枝条重叠在一起。

### *Point*

◎ 在拱门两侧各放一盆（一株），从两侧分别向上方牵引

◎ 稍向斜方向展开并进行牵引

◎ 由于幅度比较窄，不要强行弯曲枝条

◎ 枝条伸展后冬季再进行调整（见110页）

# 花后回剪

为了让四季开花型品种在开过头茬花后顺利开二茬花，需要进行回剪枝条（花后修剪、剪除残花）。修剪后40～60天下一轮花就会开放。花后修剪的目的是为了防止过度消耗植株能量，特别是对于比较小的植株，需要优先保证植株生长、避免长时间开花，更要尽早进行修剪。

## *Point*

◎ 开过花后将花枝回剪到一半的长度

◎ 在大叶子5～10mm上方的位置修剪

◎ 修剪时要考虑到二茬花枝条的伸展方向

◎ 簇生花分两阶段修剪

◎ 越是小的植株越要尽早修剪，可以以鲜切花的方式观赏（见93页）

把花朵作为鲜切花剪下来欣赏，可以避免消耗植株更多能量，从而使植株尽快长得更加壮实。

## 簇生开花

对于在枝头有多朵花的簇生品种，要先从开过的花开始，在分枝的部位剪断；整簇都开过后整簇回剪。

**1** 将开过的花从分枝处剪掉。

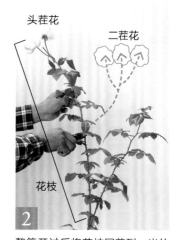

头茬花

二茬花

花枝

**2** 整簇开过后将花枝回剪到一半的长度。

## 单花

每个枝头开一朵花，花后将花枝回剪到一半的长度，在大叶的上方剪断。

从剪断部位的叶柄根部长出之后的花枝，如果在朝向植株内侧的叶片上方剪断则新的花枝朝向植株内侧，如果在朝向植株外侧的叶片上方剪断则新枝朝向植株外侧。

头茬花

二茬花

花枝

## 如果是单季开花的品种

花后结果（玫瑰果）的话会比较消耗植株能量，如果不是强烈想要观赏果实则单季开花的品种也要做花后修剪。一些小花簇生的品种逐朵花剪起来比较麻烦，可以在整簇开过以后把枝条回剪到一半的长度。

木村秘籍

# 初春的差别式养护

新芽萌动的早春季节是玫瑰的一年之始。这时候的一些养护做了和不做会对当年的成果和日常管理起重要影响。对于从春季的开花株开始着手养育玫瑰的人来说，在第二年的春季也最好实践一下这3项养护与处理，这样会让你的玫瑰栽培技术有飞跃式的长进。

## 新芽萌动后开始追肥

在生长期的追肥通常是从3月初新芽长出2～3cm时开始。之后每月1次，每次看月历换页的时候就想着月初加肥的事情（见65页），这样就不会忘了。对于第2、3类来说，在出芽的时期同时并用速效液体肥料，如施奇"全元素水溶肥"等更有效。

新芽长到2～3cm时开始追肥，推荐使用氮、磷、钾均衡的肥料。

## 回剪至强壮新芽的位置

由于顶端优势（见70页）的特性，一般是枝头尖端的芽（顶芽）优先生长。如果明显看出下方的新芽比较强壮，可以去除其上方的新芽，使强壮的新芽位于顶端有利于促进生长，可以开出更好的花来。

强壮的新芽

顶芽

在强壮的新芽的5～10mm上方回剪。

## 四季开花型玫瑰在早春时节摘蕾可以使植株更强壮

对于前一年买来的一年苗、大苗（见55页）来说，在各花枝上长出第一茬花蕾时，需要忍住想看开花的心情而去掉花蕾（摘蕾）。这样可以让养分供应给植株生长，保证植株更好地生长。尽管放心，摘蕾后马上会有新的花芽冒出来，推迟两周就会照常开出花来了。特别是植株较小时，植株成长应比开花优先，这也是从长远角度培育优秀玫瑰植株的秘诀。另外，对于培育了多年的健壮植株来说，利用这个摘蕾的技巧，分别间隔5天摘蕾，再将每盆的摘蕾时间错开，就可以打出时间差而延长观花期了。

### 基础摘蕾

各品种稍有差异，通常是在4月中下旬左右出现第一批花蕾时，将长到红豆大小的花蕾连同一两片叶片剪掉。

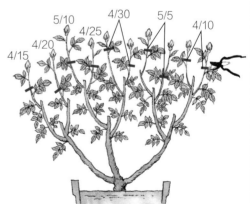

### 时间差摘蕾

在同一株中如图所示间隔5天摘蕾，这样就可以每5天开一组新花而延长观赏期，并避免所有的花一齐放而耗费掉过多养分。

# 梅雨
## *The Rainy Season*
### 6～7月份

'安布里奇'（第2类）

'斯卡布罗集市'（第2类）

## 给盆苗换盆

对于上一年秋季买来的大苗及当年春季买来的开花株来说，如果保持6号花盆度夏则很容易缺水，所以需要在夏季来临之前换成大两号的花盆。

春季买来的开花株。

### *Point*

◎如果盆底孔较少，需要先铺上3cm左右的大粒赤玉土等

◎将土团的底面和侧面稍稍打散比较容易与新土结合

◎预留3～4cm的浇水高度

◎如果要放在风比较大的地方则需要设置支架

◎换盆后不要马上追肥（过2周再开始）

【 需要准备的物品 】

· 盆苗（6号花盆）　· 大两圈的花盆（8号花盆）
· 土（市场上销售的掺好底肥的玫瑰专用土或自家配制的专用土）　· 绳
· 铲子　· 喷壶等

**1**

如果有花朵或花蕾则按照花后修剪（见84页）的方法将花枝回剪到一半的长度。

**3**

将花苗放入盆中后加足土，注意露出嫁接处。摇动花盆使盆土不留空隙。

**2**

在花盆中加土，把苗放进去，调整土的高度，上苗后上方留出3～4cm的高度（见80页），再把苗从盆中取出来。

**4**

充分浇水直至盆底流出水来。之后间隔30分钟左右再充分浇水一次即完成。

# 处理笋芽

▼ 直立株型、灌木株型

春季开花告一段落进入梅雨季后，对于状态好的植株来说，会从植株底部稍向上的部位长出新枝来，这就是抽条。抽条可以充实株型，而且担任次年以后开出大量花的重要职责，但如果完全放任不管则会占用枝条过多的养分且破坏造型，并会使花朵减少。所以对于抽条应尽量在比较嫩的时候回剪，促使其分枝以调整植株整体的平衡。

JBP-Y.Itoh

从植株底部发出的长势强劲的抽条。

## *Point*

◎尽量将其回剪到与底部第一次分枝相同的高度

◎对于回剪后分枝的枝条，如果有柔弱的弱枝条则从分枝处剪除

**如果对抽条放任不管的话……**

抽条

从底部发出枝条的第一次分枝处

如果枝条柔弱则整枝去掉

如果萌发出强壮的抽条则将其回剪至其他从底部发出的枝条第一次分枝的位置，使整体分枝高度保持基本相同，从而打造完美的株形。柔弱的枝条整根去除。

植株在高位开花，观赏价值下降。养分集中于抽条，会遮挡阳光并破坏平衡，使其他枝条的长势变弱甚至枯萎。最终导致整体造型被破坏掉，只有这一根抽条开花。

# 处理笋芽

藤蔓株型的抽条是冬季牵引的主角，通常不回剪而任其生长。但对于比其他枝条明显粗很多的抽条，为了不过于集中养分而需要回剪以促使其分枝，分枝后枝条变细也更易于牵引。

↓

藤蔓株型（部分灌木株型）

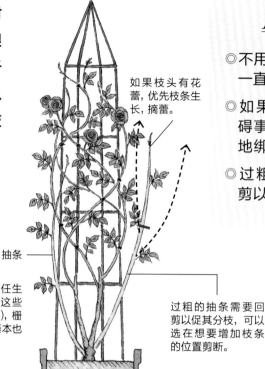

如果枝头有花蕾，优先枝条生长，摘蕾。

抽条

出现抽条不用回剪，放任生长即可。到冬季时牵引这些枝条（见106～107页），栅栏、花格、拱门等上的藤本也做相同的处理。

过粗的抽条需要回剪以促其分枝，可以选在想要增加枝条的位置剪断。

## *Point*

◎ 不用修剪抽条，任其一直长到冬季

◎ 如果枝条过长比较碍事，可以用绳松松地绑住

◎ 过粗的抽条需要回剪以促其分枝

## 如果不回剪而放任不管的话……

四季开花型3/4处。

单季开花型1/2～2/3处。

由于顶端优势（见70页）的作用，植株仅在上部发出抽条，只在较高的位置开花。

## 枝条过多怎么办?

如果出现枝条过多而超出支撑物、只在高处开花等情况的话，可以通过在梅雨季时大刀阔斧地回剪来重塑造型。如果植株长势不好，则要在回剪后松开固定用的麻绳或给枝条松绑，让其恢复活力。

开过头茬花后，将伸展能力弱的四季开花品种回剪至整体高度的3/4处，伸展能力强的单季开花品种回剪至整体高度的1/2～2/3处，在老枝和抽条的大叶上方剪断。新伸展的枝条在冬季牵引。栅栏、花格、拱门等也做同样的处理。

木村秘籍

## 防止黑斑病落叶

黑斑病是玫瑰的大敌，常发生于梅雨季。有时植株因黑斑病落叶而失去度夏的能量，影响四季开花品种秋季的开花状况。特别是对于第3类杂交茶香月季来说，在入夏之前掉叶会带来致命影响。另外梅雨季还易出现花上有斑点的灰霉病。

为了预防这些病症，在入梅之前喷洒有预防效果的杀菌剂是非常必要的。这样保护住叶子，也就可以培育出不输给酷暑的强壮植株来了。

*K.Tamaoki*

对于第3类杂交茶香月季来说，如果在入梅之前喷洒杀菌剂则可以防止落叶而顺利度夏。照片中为'因陀罗'（Indra）。

*Y.Kusama*

这是黑斑病的症状，叶面上呈现褐色斑点，之后会落叶。发病的叶片无法挽回，只能寄希望于生出新叶来。

## 春季购买的一年苗摘蕾

对于春季购买的四季开花型一年苗来说，需要优先保证植株生长，所以在8月中旬之前长出的花蕾都要摘除而不要让其开花（摘蕾）。过了8月下旬后与其他植株一起做同样的夏季修剪（见94页），秋季就可以正常赏花了。

春季购买的一年苗如果有花蕾则要在还没有显色的时候掐除或剪除。

'冰山（'Icebreg'）'

注意防止缺水

## 对于容易缺水的盆苗，要在盛夏来临之前换盆

用花盆栽种玫瑰时特别需要注意的就是夏季缺水。只要发生两三次新芽微蔫，就会导致根系受伤而突然枯萎。所以需要观察玫瑰的状况并勤于浇水。

特别是花盆相对于植株偏小的情况下更容易缺水。梅雨季没有换盆（见86页）的植株，如果出梅后明显过干，需要不打散土团换到大一圈的花盆中，以防夏季缺水。

为了防止缺水，将植株保持土团状态换至大一圈的花盆中。不要在超过35℃的高温环境下做这项操作。

### 只能上午浇水吗？

浇水应尽量在气温上升前的早上进行。但如果早上忘了浇水而新芽和花已经发蔫了，这时即使是中午也要果断地浇水。这种情况下如果还是坚持等到早上再浇水就会本末倒置了。中午浇水可以将盆中的热气逼出而换上新鲜的水，所以注意一定要充分浇透。

傍晚浇水会导致植株徒长，需要尽量避免，通常在下午3~4点之后就不要再浇水了。

### *Point*

◎ 确认水温

盛夏时节在水管中残留的水会比较热，需要用手试一下水温再浇花。

如果用温度高的水浇花会伤根，故浇水前要先确认水温。

◎ 确认新芽及花的缺水状态

缺水症状首先表现在枝条尖端。新芽和花发蔫的话就是缺水的标志。需要马上充分浇水。

新芽和花向下耷拉的现象即是缺水的标志。

# 防止暑热

盆栽玫瑰相比庭院栽培玫瑰的优势就是可以根据情况移动位置。特别是对于耐热性差的品种及第4类比较纤弱的品种来说，可以将花盆移到易于度夏的地方或在摆放场所做些处理来防止暑热。

遮光网推荐使用折光率为50%的类型。

## ◎度夏措施 *1*

## 遮光

玫瑰虽然是喜光植物，但盛夏时节11～16点的直射阳光对玫瑰来说还是过强了，对于下午有强光照射的地点，需要拉起遮光网来设置一个舒适的度夏空间。

## ◎度夏措施 *2*

## 垫上木板架

将花盆放在木板架上，纤弱的玫瑰也容易避过暑热。木板架可以避免从地面返热，而且改善了透气性而使花盆中保持清凉。

夏季的时候墙也会升温，故应尽量让花盆与墙壁保持距离，留出可以通风的通道。反之冬季时靠紧墙则可以起到防寒的效果。

## ◎度夏措施 *3*

## 与墙壁拉开距离

夏　　　　冬

木村秘籍

# 外出旅行预防缺水的方法

经常听到有人说"因为要给玫瑰浇水，夏天没法外出旅行了""出去玩回来玫瑰都枯死了"这类话。如果是外出3天左右，可以用套盆的方法或是把花盆埋在院子角落里就能预防缺水了。近年来园艺店或家居店里也开始销售简易的滴灌装置，建议在长期旅行的情况下使用。

## 套盆

可以在大两号的花盆中加入土壤，上方留出1/3的高度埋在土中，保持透气性。在出发旅行前把周围的土充足浇水，整体放在半日照的地方。但如果一直维持这样的状态根会从盆底孔钻出来，所以旅行归来后要及时从大盆里取出来。

## 连花盆一起埋在院子里

这个方法与套盆的基本原理相同，将花盆埋在院子里半日照的地方。如果是容易干燥的地点则需将花盆周围整理得稍陷下去一些，并充分浇水。

## 滴灌

将装置接在水管上，再用软管通到各个花盆。可以设置定时器，控制水量和间隔。用滴灌时相比粗粒介质来说，水渗透性较好的泥炭更适合一些。

夏季注意不要让水管直接暴露在阳光下。
对于盆花比较多、给水作业量比较繁重的情况也建议使用这种方式，从盆底流出水则停止。

## 如果底部的叶子变黄并脱落怎么办？

底部的叶子突然变黄脱落是缺水的表现。这时由于根系受损，一定不要急于施肥或换土等。
这时可以将花盆移到半日照的地方，静待新芽萌出恢复活力。新叶开始伸展后恢复日常管理，开始的时候将施肥量控制在正常的1/2～2/3的量。

发生缺水时底部的叶子突然变黄而脱落，这时需要将植株移到半日照的地方休养生息。

# *R o s e   C o l u m n*

# 欣赏玫瑰插花

越来越多的人喜欢把自己种的玫瑰剪下来做插花，然后拍照片发表在网上，这样可以与花友们共享和增加各种交流。这里将介绍把自己种的玫瑰做成插花来欣赏的技巧。

## 花开到三成到五成时剪下来

剪取花枝的时机因品种不同而各有区别，通常建议在开到三到五成时剪取。玫瑰只要花萼向下翻卷后，剪下水插就能正常开花，可以以此当作剪取时机的标准。

早些剪下花枝不仅可以降低植株的负担，还可以让植株尽早进入下一阶段的生长。在预测植株可能会受到台风等的侵害时，也可以将花枝剪下作为插花在室内欣赏。

剪的时间最好是在玫瑰水分最充足的上午6～9点。剪取方法与花后修剪相同，即在花枝一半长度的部位，叶子上方5～10mm的位置剪断。如果需要剪出更长的花枝则可以在枝条上留下两片5叶或7叶的位置剪取，这样不会对生长造成影响。

## 泡水后装饰起来

在插花之前要先将剪下来的花枝在室内阴凉处放入水桶中浸泡5小时左右（泡水）。为了保证观赏效果，注意不要将花朵浸在水中。泡水后就可以将花枝插在自己喜欢的花瓶中装饰起来或是制作花艺作品、做成花束送人。如果不预先泡水的话容易造成单花花期短、花朵下垂、过早枯萎等情况。

插好花后每两天换一次水，且每次在水中将花枝底部剪去几厘米（水剪）。水剪是为了防止空气进入枝条，让水连续不断向上输送。如果加入一些市场上销售的鲜切花保鲜剂会使花色更鲜艳且延长花期。

用自己养育的玫瑰来插花装饰、拍照。 图为'雪拉莎德/天方夜谭'（第2类）。

把花枝的一半泡在水桶中，去掉泡在水里的叶子并泡5小时左右。这样水压作用就可以使其充分吸水了。

用锋利的剪刀在水里剪枝有益于保鲜。

'莫泊桑'（Guy de Maupassant）　'纪念安妮'（Souvenir D'Anne Frank）

## 通过夏季修剪打造秋季美花

对于四季开花型玫瑰来说，即使不进行夏季修剪秋季也可以开花，但通过夏季修剪可以让花开在最好的观赏高度，并一齐开花。在暑热告一段落的8月下旬至9月中旬务必尝试一下这种方法。对于直立株型和灌木株型来说方法基本相同，藤蔓株型则请参考97页的内容。

直立株型
↓
灌木株型

### *Point*

◎ 剪到整体的2/3的高度

◎ 按照花朵大小来变化所剪枝条的粗细（见67页）

◎ 尽量在大叶之上剪断

◎ 在外侧的枝条稍剪低一些则可以显得比较茂盛断

◎ 严格把握适合修剪的时机

整体的2/3

有花或花蕾的话去除

这是夏季修剪前的'艾玛·汉密尔顿女士'（第2类）。属于直立株型中花品种。调整到整体2/3的高度，这样秋天的时候可以一齐开花。

将主枝剪至2/3的高度。剪的时候需要兼顾芽的朝向（见67页），尽量在大叶的上方剪断。将植株两侧的枝条稍剪得低一些会显得更繁茂。

按照2/3高度整体修剪过的效果。对于细枝将其剪至可以开花的粗细（中花的话通常为比一次性筷子稍细一点）的部位。如果有枯枝则整枝剪掉。完成修剪。

对于枝条混杂的部位，将较细的枝条从分枝处整枝去除，加强通风，预防病虫害。

从紧挨着剪断切口处下方叶柄底部发出新芽，修剪后40～60天秋季的头茬花会一齐开放。

将适量的缓释肥尽量均匀地摆放在植株周围。

速效液肥与浇花水配合，用喷壶浇在植株底部。

## 用化肥助力出芽

对于第3类玫瑰，如果进行夏季修剪并配合用化肥追肥则可以有效促进出芽。将缓释肥与液体肥配合使用更有效。两种肥料都建议选用三元素含量均等的品种。

木村秘籍

# 长势强劲的玫瑰轻度夏季修剪

以第2类的部分直立株型、灌木株型的品种为代表，如果夏季修剪得过重的话可能造成秋季不开花。这是因为新芽长势过强，植株将养分优先分配给芽而不积极开花了。对于这样的品种，应在8月下旬至9月下旬轻度修剪至整体高度的3/4的程度。而且在夏季修剪后不要追肥，使长势稍缓后反而容易开花。

整体的3/4

调整到整体3/4的高度，除高度标准外其他修剪方法与之前介绍的相同。

## 适合夏季轻度修剪的玫瑰品种

**夏季修剪过重会导致秋季不开花的典型玫瑰品种。**

· 灌木株型

'格拉翰·托马斯'、'媚蓝'、'美里'、'玛丽·罗斯'、'阿芒迪娜·夏奈尔'（Amandine Chanel）、'夏洛特夫人'（Lady of Shalott）、'佛罗伦萨·德拉特'、'情书'（Pied del）、'神秘'（Mysterieuse）、'小红帽'（Rotkappchen）等。

· 直立株型

'金边'、'小特里阿农'、'活力'（Alive）等。

'美里'
（Chant rose misato）

'玛丽·罗斯'（Mary Rose）

'格拉翰·托马斯'
（Graham Thomas）

'金边'（Golden Border）

'小特里阿农'
（Petit Trianon）

'蓝色梦想'

# 通过夏季修剪打造秋季美花

→ 藤蔓株型（部分灌木株型）

对于四季开花型的藤蔓株型及塑造成藤蔓风格的灌木株型品种来说，有效的夏季修剪可以让秋季的坐花效果更好。可以根据花朵大小，将枝条回剪至可以开出高质量花的粗细位置（见67页）。

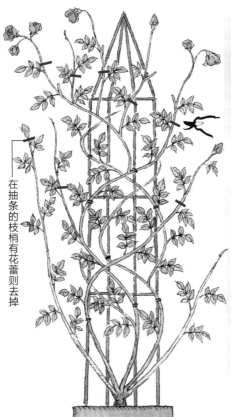

在抽条的枝梢有花蕾则去掉

将枝条回剪到可以开出高质量花的粗细位置。

## 单季开花品种的枝条过长怎么办？

这些都是次年春天开花的主力枝条，如果觉得枝条过乱比较碍事，可以用麻绳等简单固定在支撑物上。如果实在过多无法整理好也可以剪掉部分枝条。

中花回剪到比一次性筷子稍细一些的位置，图中为'威廉·莫里斯'（第2类）。

小花回剪到牙签粗细的位置，图中为'雪雁'（第2类）。

# 值得期待的秋季玫瑰

春花

秋花

克莱尔·奥斯汀（Claire Austin）（第2类）

这个品种在春天开花是奶油色的，而秋色渐浓时近乎杏色，温度继续降低还会带一些粉色。

## 观赏日渐增色的精彩演绎

秋季的花朵由于坐花后天气渐凉，所以花色浓重鲜明，花形也更纯粹一些，而且如果日常管理得当则会比春季花朵更大。虽然花朵数量不如春季那样将积蓄一冬的能量一下子释放出来那么壮观，但每一朵、每一簇都更加耐看，是秋日别致的珍宝。

而且对于淡香的品种来说，大概因为晚秋开花所需孕育时间比较长，所以香味会浓一些。由于气温较低，所以单花花期较春季时长一些，可以有更多的观赏时间。

有些品种的春花和秋花的花色、花形不同，所以同一株玫瑰在秋季可以欣赏到不同于春季的表情，有的品种秋季头茬花和二茬花的花色也会有所变化。

春花

婚礼的钟声
（Wedding Bells）（第1类）

秋花的花瓣顶端更尖，花形更加整齐耐看，花色更浓，越是晚秋香气越浓。

秋花

秋花

春花

## 加百列大天使
## （Gabriel）(第 4 类)

秋花丰满且具透明感。花朵缓慢绽放，单花花期长。右边为春花。

春花

## 庞巴度玫瑰
## （Rose Pompadour）(第 3 类)

相对于蓬松的春花来说，秋花的花瓣更加精神。

秋花

木村秘籍

## 开出晚秋二茬花

通过对秋花的花后修剪使其可以开出秋季的二茬花来。这次修剪与春季修剪的区别在于修剪的程度。如果最低气温低于15℃则新芽很难长出，所以这时只剪花不剪叶。

1 从最上面的叶的上方剪掉花朵。

2 这样腋芽马上长出，易在天冷前形成花芽而开出二茬花。

如'冰山'（左）及'玛蒂尔达'（右）等花瓣数较少的丰花月季品种特别容易开出二茬花来，推荐使用这种方法。

把剪下来的头茬花插入水中作为花艺作品欣赏。

## 夏季修剪后不出新芽？

夏季修剪后不出新芽，有可能是花盆中有了金龟子类的幼虫。金龟子也有很多种类，其中大部分是在6～8月份在含有机质多的土壤中产卵，孵化出来的幼虫会啃食植株根部。如果植株显得摇摇晃晃不稳定的样子或土壤明显减少，就可以把植株拔出来，确认土中是不是有幼虫。如果土团不成形且根系减少或明显看到幼虫则需要更换土壤重新上盆。换过后需要移到半日照处调养，静待植物慢慢恢复活力。

JBP-H.Imai

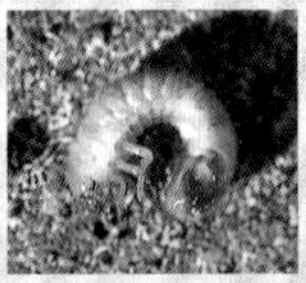

这是金龟子类的幼虫。它们会啃食植物根部，如果放任不管植株很快就会枯萎。

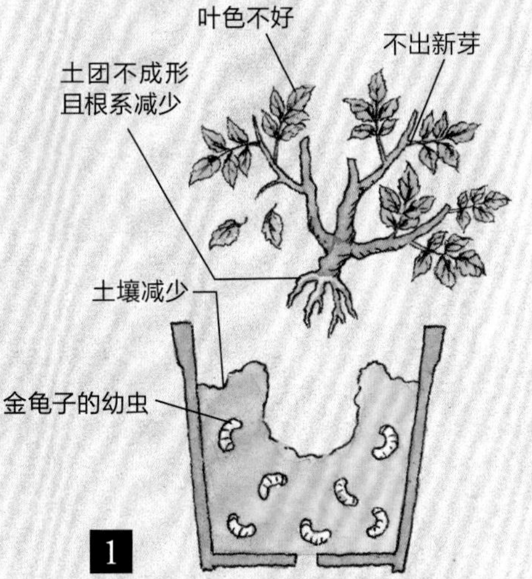
叶色不好
不出新芽
土团不成形
且根系减少
土壤减少
金龟子的幼虫
1

尽量保留根系的状况下从盆中拔出植株，如果发现幼虫要更换盆土。

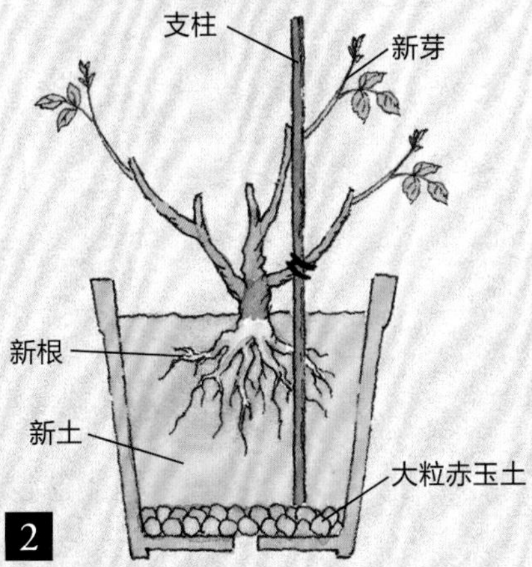
支柱
新芽
新根
新土
大粒赤玉土
2

用同样大小的花盆或是小一号的花盆换新的土重新栽种。所用的土尽量选择肥料较少且透气性、排水性好的介质，同时还要搭建支架。将其放在半日照环境下2周左右，如果发出了新芽即说明也发出了新根，这时转为正常的日常管理，并在一个月后开始少量施肥。

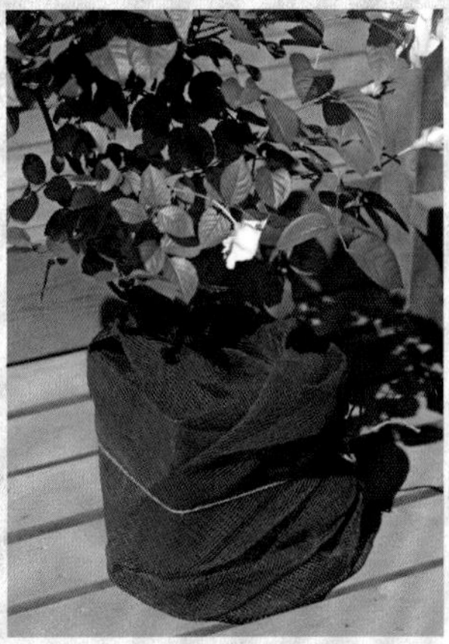

可以在6～8月份使用透气性或透水性好的网盖住花盆口防止金龟子在花盆中产卵。图中为用防风网覆盖的例子。金龟子类喜欢在有机质多的土壤中产卵，所以要避免过度堆肥和施用有机肥料。

## 盆栽玫瑰的台风对策

在台风来临之前如果还在开花，需要把花剪下来作为鲜切花改在室内欣赏。把花盆尽量集中到墙角，易倒的花盆干脆放倒并用砖头固定。夏季修剪时将株型整理得比较低，则不容易被台风损毁。

台风过后位于沿海地区的需要用水将叶片上留下的盐分清洗掉以防盐害。

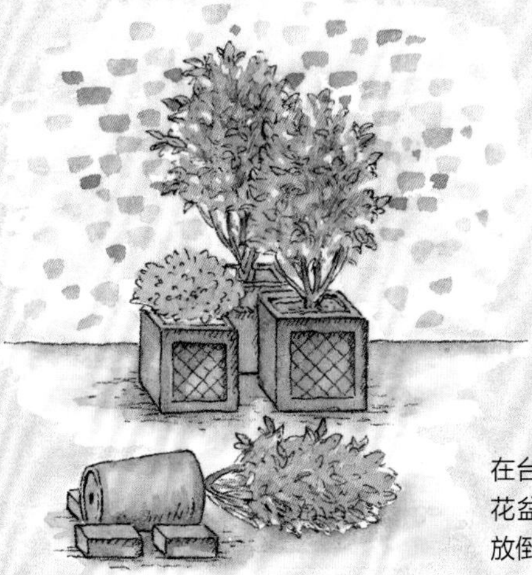

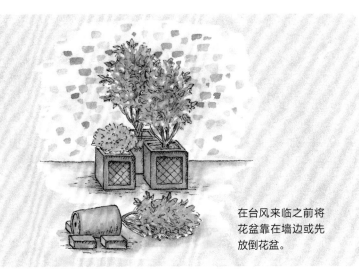

在台风来临之前将花盆靠在墙边或先放倒花盆。

## 冬季修剪直立及灌木株型

玫瑰进入休眠后进行冬季修剪。通过冬季修剪可以将植株调整到春季想要观花的高度，开花整齐，达到枝条更新的目的。还可以通过降低株高尽量使能量集中，促使春季发出比较强壮的新芽来。对于直立株型和灌木株型来说，基本的修剪方法是通用的。

### *Point*

◎ 从11月中旬开始减少浇水的次数以备休眠

◎ 将株高整理到整体1/2的高度

◎ 在壮芽的上方修剪

◎ 修剪时要兼顾芽的生长方向（内芽与外芽，见67页）

◎ 结合花朵大小来确定剪枝的粗细（见67页）

壮芽

埋在枝条中，呈健康的红色。

不好的芽

过于突出的芽易冻伤。颜色不好。

1/2

修剪前的状态。以株高的1/2为标准来修剪。图中为直立型（第2类）。花朵大小为中花。

1 从主要的枝条开始，按照整体株高1/2的水平，选取壮芽的上方剪断。

2 整体为1/2的水平，植株两侧稍低的话会更加繁茂。

3 剪短到可以开出高质量花的粗细位置（中花为一次性筷子粗细）。

4 颜色不好、状态较弱或枯萎的枝条去除。

5 如果枝条相互交叉，则将较细的枝条去除。

6 发现之前修剪后留下的枯枝段也要剪除。

7 如果还留有树叶也要清除干净，完成处理。

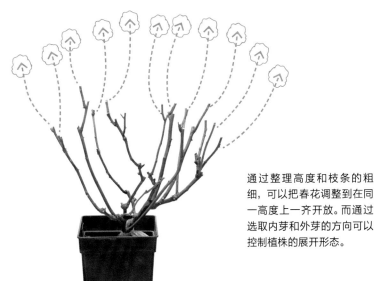

通过整理高度和枝条的粗细，可以把春花调整到在同一高度上一齐开放。而通过选取内芽和外芽的方向可以控制植株的展开形态。

103

# 根据类型修剪以展现植株魅力

在冬季修剪时，虽然直立株型和灌木株型都是修剪到株高1/2的水平，但其中也有一些是可以剪得更重一些和剪得轻一些的。另外芽的选择方式的不同也对株型有所影响。可以通过修剪而最大限度调动出植株最本质的魅力，或是发掘出更多新的惊喜。下面我们来介绍各种类型的修剪技巧。

## 第2类

### 将横向伸展的灌木株型修剪成紧凑的效果

枝条横向展开的灌木株型多见于第2类。如果空间比较大也可以任枝条自然伸展，但如果想要在较小的空间实现比较紧凑的效果则在内芽上方修剪，这样就能达到收敛株型的效果。

修剪时选择内芽还是外芽，决定了枝条的伸展方向。

横向伸展的灌木株型，图中为'曼斯特德·伍德'（Munstead Wood）。

### 选择外芽修剪的情况

如果主要在外芽上方修剪的话枝条会向外伸展，在空间充裕的情况下可以使用这种方法打造出繁茂的株型效果。

### 选择内芽修剪的情况

如果主要是在内芽上方修剪，则对枝条的向外伸展起到收敛的作用。但也需要兼顾整体平衡而适当选择外芽。

## 第3类

### 稍微深度修剪
### 大花品种
### 杂交茶香月季

对于大多属于第3类的杂交茶香月季（直立株型）来说，如果修剪位置偏高就只会开出比较小的花来，所以这些品种通常要修剪到整体株型1/3高度的水平。另外杂交茶香月季的枝条寿命较短，通常3～4年就老化了，一些老的枝条需要整枝去除来进行枝条更新。

修剪前的杂交茶香月季。图中为'五月小姐'（Miss Satsuki）。

◎抽条更新

1 先从主枝开始，按照整体株高1/3的水平修剪。

2 将枝条修剪到能开出大花的铅笔左右粗细的位置。较细的枝条整根去除。

3 枯枝等整根去除，完成处理。

老枝

去除整根老枝以达到植株更新。保持3～4根嫩枝（抽条）的状态。如果枝条过粗很难用修枝剪剪断时，可以使用小锯子锯断。

## 第4类

### 轻度修剪
### 比较纤弱的玫瑰品种

由于第4类的生长比较弱，故修剪到整体株高2/3的水平，尽量保留枝条。修剪后喷洒具有预防效果的杀菌剂则更安全一些。

1 以株高2/3的水平为标准轻度修剪。枯枝整枝去除。

2 老叶上有可能留有病原菌，所以需要去掉所有叶子。完成处理。

# 藤蔓株型的冬季修剪与牵引

→ 尖顶塔架

藤蔓株型(包括按照藤本风格处理的部分灌木株型)在冬季休眠期进行修剪,同时牵引秋季之前伸长的枝条并调整整体姿态。对于株型没有太大改变的情况,只摘取每一枝分别调整即可。

## *Point*

◎根据花朵的大小改变修剪枝条的粗细和牵引的角度(见67、111页)

◎在枝条之间尽量间隔5~10cm

◎枝条重叠时进行点交叉

◎降低株高,留出塔架上方1/5~1/4的空间来

在修剪和牵引前的状态。图中为'繁荣'(第1类)。

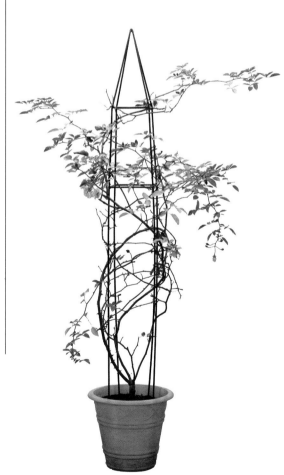

不稳定的部位可以用塑料园艺绑线等进行固定。

**1** 先去除无用的枝条。中等花型的玫瑰在一次性筷子粗细的部位剪断(大花型为铅笔粗细、小花型为牙签粗细)。

**2** 为了易于观察枝条走向,去除所有叶子。

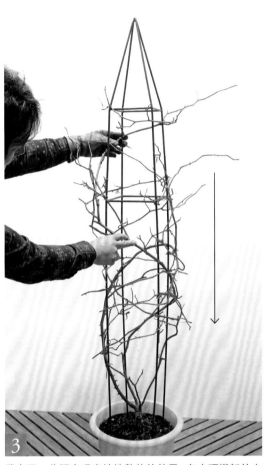

**3**

稍离开一些距离观察植株整体的效果。在尖顶塔架的上方空出 1/5 ~ 1/4 的高度，把粗枝整体向下方调整，使枝条之间的间隙均匀。

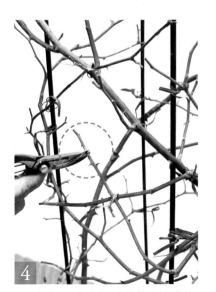

**4**

在朝向太阳方向的芽上方修剪，调整全株。

在上方预留 1/5 ~ 1/4 的高度给春季花枝伸展

在枝条之间空出 5 ~ 10cm，整体调整均衡

5 ~ 10cm

细枝

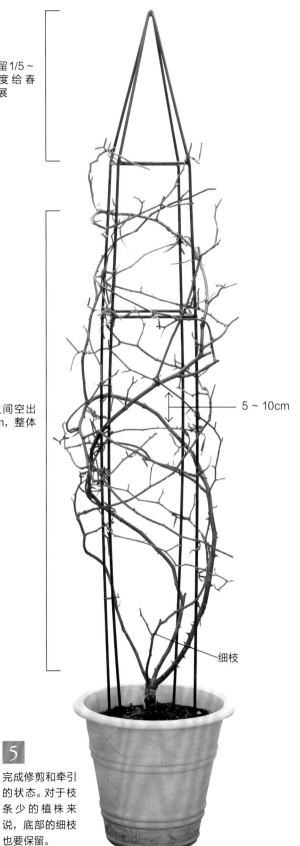

完成修剪和牵引的状态。对于枝条少的植株来说，底部的细枝也要保留。

# 藤蔓株型的冬季修剪与牵引

→ 花格、栅栏

修剪掉不要的枝条后整理牵引。对于平面型设计的花格和栅栏来说，不要强行弯曲硬枝，仅直立即可，将柔软的枝向左右两边展开。把灌木株型的枝条拉伸成藤本效果时也用同样方法处理。

## *Point*

◎如果强行弯曲硬枝则会影响长势，所以直接直立牵引即可

◎根据花朵大小修剪到合适的粗细程度并改变牵引的角度（见67、111页）

◎使枝条之间拉开5~10cm间隔

◎剪除伸出支撑物的枝条部分

◎剪短枝梢，做出高低错落的效果

为了不使花只开在同一高度，要将枝梢的高度错落开来

图中为没有支撑物也可以一定程度保持直立的枝条，是偏硬的藤蔓品种。用12号花盆种植一年，枝条已经充分伸展了，在修剪后牵引到花格上。

**1** 把花格插入花盆，注意要插牢，避免松动。

2

根据花朵大小修剪到枝条合适的粗细程度（见67页）。在朝向太阳方向的芽上方5～10mm处剪断。

4

将柔软的枝条向左右两边展开。太过展开，收拢不到支撑物范围内的枝条去除掉。

3

枝条整理好以后，不要弯曲硬枝而保持直立，用麻绳和塑料园艺绑线固定在花格上。

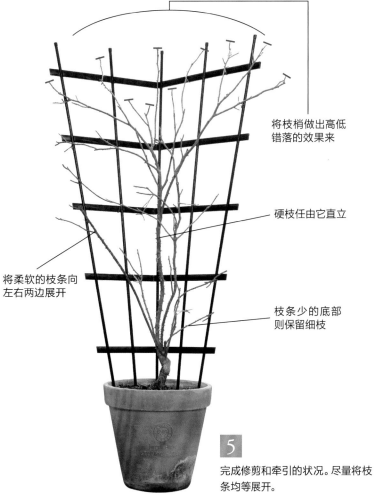

将枝梢做出高低错落的效果来

硬枝任由它直立

将柔软的枝条向左右两边展开

枝条少的底部则保留细枝

5

完成修剪和牵引的状况。尽量将枝条均等展开。

# 藤蔓株型的冬季修剪与牵引  拱门

对于拱门来说，通常在其两侧各设一盆，将枝条向斜上方倾斜牵引。

根据枝条的硬度，牵引方法有所不同。做成藤本风格的部分灌木月季也按同样方法处理。

## Point

◎ 将枝条回剪到开出美花的粗度（见67页）

◎ 按照花朵大小变化枝条的倾斜角度（见111页）

◎ 牵引到拱门的外侧（不要让枝条从内侧穿过）

◎ 不要在上方重叠枝条

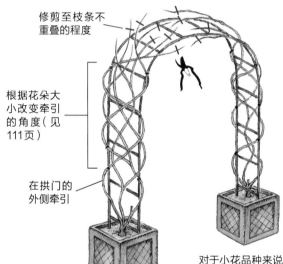

修剪至枝条不重叠的程度

根据花朵大小改变牵引的角度（见111页）

在拱门的外侧牵引

### 枝条柔软的情况下

对于枝条柔软且伸展能力强的蔓生玫瑰（Rambler），可以将长枝放平，同时向上方牵引。对于较细的枝条，小花品种回剪到牙签粗细，中花品种回剪到一次性筷子粗细的部位。如果枝条在上方重叠会挡住下方的阳光，所以要修剪至不重叠的程度。

对于小花品种来说，尽量水平牵引枝条有益于坐花。而中花品种如果枝条过于水平则有可能影响花朵的形成，所以需要向斜上方牵引。

为了将植株收到拱门的范围内，将枝条回剪到可以开出美丽花朵的粗细

中花、大花品种不要将枝条过分水平拉伸（见111页）

### 枝条较硬的情况下

四季开花的中花、大花品种的枝条较硬，其株型在分枝的同时不断增高。如果枝条过于水平牵引会影响花的形成，所以要根据花朵大小来变化牵引的角度（见111页）。

按照中花至少是一次性筷子粗、大花至少是铅笔粗的标准，将枝条剪到拱门的范围之内。将枝条用麻绳或园艺绑线向斜上方牵引在拱门上。

**木村秘籍**

# 根据花朵大小变化牵引的角度

由于玫瑰具有顶端优势的特性（见70页），所以将藤本品种的枝条水平方向牵引则可以增加花芽的数量。对于小花品种的藤本来说，每开一朵花不需要过多能量，所以越是将枝条横过来越是可以多开花。但对于中花、大花品种的藤本，每开一朵花都需要很多能量，如果花芽过多会导致能量过于分散，每朵花变小或无法开放。而且不仅是花朵大小，开花习性、花瓣数量、花色等各种复杂因素都会影响开花时需要的能量，下面的列表将说明为了开出美花应该怎样采取不同的牵引角度。

## 小花或单季开花品种

越是向水平方向牵引越可以开出很多花来。

## 中花及反复开花品种

如果完全向水平方向牵引则花朵数量会减少，所以应向斜上方牵引。

## 大花或四季开花品种

直立偏斜上方的方向牵引可以使能量向枝条上方集中。

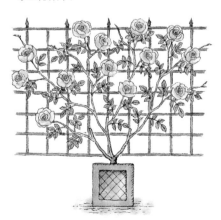

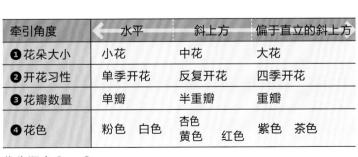

| 牵引角度 | ← 水平 | 斜上方 | 偏于直立的斜上方 → |
|---|---|---|---|
| ❶花朵大小 | 小花 | 中花 | 大花 |
| ❷开花习性 | 单季开花 | 反复开花 | 四季开花 |
| ❸花瓣数量 | 单瓣 | 半重瓣 | 重瓣 |
| ❹花色 | 粉色　白色 | 杏色<br>黄色　红色 | 紫色　茶色 |

优先顺序 ❶ → ❹

# 牵引游戏

如果你已经掌握了牵引的基本技巧，还可以更自由地玩起玫瑰来。如将灌木月季做成藤本月季的效果，或做出从两边看效果不同的双面拱门来。

## 把灌木株型做成藤本月季效果

对于灌木株型，冬季修剪时在内芽上方深度修剪可以得到直立风格的紧凑株型（见106页），如果让柔软的枝条伸长而牵引在支撑物上则可以当作藤本月季来欣赏。

灌木株型品种中花的'法国礼服'（Robe a la francaise）（第2类）。

**1** 在花盆中设置支撑物，将枝条剪至可以开出美花的粗度（中花为一次性筷子粗细），同时用麻绳或绑线固定。

**2** 将所有枝条牵引好的状态。不要强行弯曲枝条，沿支撑物固定即可。

## 可以欣赏两种效果的拱门设置

拱门的两侧分别牵引不同品种的玫瑰，就能在一个拱门上欣赏到两种景致。如果在日照好的一侧安排喜光品种、在半日照一侧种耐阴性好的品种，则繁盛程度基本相同。

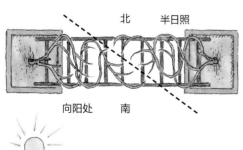

北　半日照

向阳处　南

在拱门上方分出日照区域和半日照区域来分别牵引。

从两个方向看的景致各有不同，可以增加观赏性。配合日照条件选择品种，两种都能培养得很好。

# 购买大苗

将一年苗在苗圃养育一年而成的大苗大多在晚秋到早春期间上市，近年来这样的苗一般种植在6号花盆中出售。这类苗通常已经完成冬季修剪，以仅留几根短枝的姿态呈现，可以从中选择植株壮实、更有木质感的苗来购买。已经木质化的硬枝较为强壮，有利于抵抗寒冷。如果购买了长藤苗，则需要马上换到大两圈的花盆中。

## *Point*

◎ 切口已经木质化了

◎ 树皮上呈现纵向纹路

芯周围已经木质化了。

没有木质化的枝条抗寒性弱。

如果枝条充实、木质化程度高，则树皮上会有纵向纹路。

## 类型和品种上的差异

由于各类型和品种的苗木大小及枝条数、枝条粗细程度不同，所以苗的好坏质量需要在同品种内比较。

*A*　　*B*　　*C*　　*D*

这几盆都是很好的苗木，只是因类型、品种不同而呈现出植株大小、粗细程度上的区别。A和B同样是第2类，但品种不同。C和D都是杂交茶香月季，其中C是第3类，D是第4类。同样是杂交茶香月季，第4类的长势比较弱，所以植株偏小，枝条较细，木质化也比较晚。

## 营养钵栽种的大苗需要栽到花盆里

一些用3.5～4号营养钵栽种销售的大苗通常都是假植状态的，所以买来后要尽快栽到6号花盆中。

从营养钵取出苗后要将根系分散开，在6号花盆中加入市场上销售的玫瑰专用土或自家配制的土（见59页）上盆。如果花盆底孔较少，需要先铺3cm左右厚度的大粒赤玉土。注意不要埋住嫁接处。如果放置的地点风比较大，可以搭建支架来支撑。

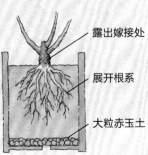

露出嫁接处

展开根系

大粒赤玉土

## 冬季如果长出新芽怎么办？

如果在春天到来之前从大苗上长出了新芽，这是根系已经开始生长的标志，无须惊慌。由于新芽易受寒冻伤，要在最冷的时期来临之前（大约在元旦左右）在这里回剪。

壮芽

剪到有壮芽（见102页）的部位

# 换大花盆

如果花盆中的根过多，则水分和肥料的吸收状况就会变差，底部的叶子变黄脱落（根系盘结）。要每隔1~2年选取冬季休眠期或梅雨季节（见86页）来更换大两圈的花盆。休眠期时可以同时修剪和换盆，或先完成修剪，有空的时候再换盆。

【需要准备的物品】

- 一两年内没有换盆的植株
- 大两圈的花盆（对于6号花盆的植株来说准备8号花盆）
- 盆土（市场上销售的掺好底肥的玫瑰专用土或自家配制的专用土）
- 铲子　· 喷壶等

## Point

◎ 换到大两圈的花盆中

◎ 将土团上的土去掉1/4~1/3

◎ 对于盆底孔较少的盆来说，需要先铺3cm左右厚度的大粒赤玉土等

◎ 露出嫁接处

**1** 从花盆中拔出土团，用指尖轻轻挑散根部，同时将土团表面和上面的土去掉二三成，侧面的土也稍稍去掉。

**3** 在盆底铺一些土，将植株放入花盆中，加土至预留3~4cm浇水高度的位置。

**2** 打散后的土团状态。这时最好还是让根部紧紧地抱住土，不能过度打散。

**4** 轻轻摇动花盆让土填满土团与花盆之间的空隙。充分浇水后间隔30分钟再次浇透，完成处理。

---

### 木村秘籍

## 用追肥式底肥助力生长

除了在专用土中加入底肥，在盆底加入缓效有机质肥料，可以在根系生长时增强生长能力。换土和生长期换盆也可以做同样处理。

在盆底铺上一层土，混入肥料成分较少的有机质肥料（近似于N:P:K=3:3:3的）。

为使刚栽进去时根系与这一层不直接接触，在表面再盖一层土。

# 翻盆操作（换土）

## 维持株型大小的

如果不想让株型和花盆再增大，可以在休眠期换土并使用同一花盆。要带着对美花的感激之情细心地揉搓掉土壤，这样玫瑰也会非常开心的。

【需要准备的物品】

· 一两年内没有换盆的植株
· 盆土（市场上销售的掺好底肥的玫瑰专用培养土或自家配制的培养土）
· 铲子　· 喷壶　· 修枝剪等

## *Point*

◎如果是颗粒容易粉化的培养土则需要每年换土

◎将土坨上的土去掉2/3～1/2

◎对于盆底孔较少的盆来说，需要先铺3cm左右厚度的大粒赤玉土等

◎加土至预留3～4cm浇水高度的位置

◎露出嫁接处

1　从花盆中拔出植株。这时可以看到土壤的颗粒都已经破坏掉、土团非常结实。

4　完成打散土团操作的状态。注意不要去掉主根上的土。

2　将土团倒过来用指尖边揉搓边去掉细根上的土。

5　在盆底加入新土，把植株放入花盆后栽好。

3　将超出土团的长根用剪刀剪除。

6　轻摇花盆以填满土团与花盆之间的空隙。在栽好后和30分钟之后各充足浇水一次，完成处理。

A 敲开现代月季之门的‘法兰西’（La France）

B ‘波斯黄’

C ‘黄金太阳’（Soleil d'Or）

# 玫瑰的历史与未来

可以说玫瑰的历史就是人类欲望的历史。正是因为想要这样那样的玫瑰，也就促使育种家们反复杂交育种，从而不断培育出更加芳香、花朵更美的玫瑰。如果你了解了错综复杂的玫瑰历史和系谱，就会对每个类型和品种的个性更加明了，进而可以灵活运用各种栽培技巧。

## "芳香"和"花形"颇受钟爱的古典玫瑰

玫瑰的育种历史始于将其作为香料而追求芳香气味的阶段。最初的育种并不是人工杂交得来的，而是从自然品种中选育的方式。玫瑰的芳香味道主要存在于花瓣之中，为了提高产量而会追求更多的花瓣数量。玫瑰原本是5瓣的，但由于雄蕊多且易发生变异，时常突然变为很多花瓣的情况。人们发现并喜欢上这种花朵，继而有意地大量繁育变异的植株。在选拔花瓣数量多的玫瑰过程中，玫瑰变为多花瓣的花型，而且，随着花瓣数量的增加，也出现更多的形状，丰富的花形也更让人们为之着迷了。

## 把目光转向"四季开花型"和"直立型"的古典玫瑰

对于玫瑰的"芳香"与"花形"的偏好大概持续到18世纪后半叶。自19世纪起，时代出现了新的动向。拿破仑一世的妻子约瑟芬皇后将世界各地的玫瑰野生品种和自然杂交品种收集在马美逊城堡中（见2页），使芳香浓郁、花朵绚丽的单季西方古典玫瑰与花形素朴却四季开花的东方古老月季不期而遇。这种情况下，人们自然而然地想要把古典玫瑰的浓郁香气和绚烂花朵与中国古老月季的四季开花特点结合起来。所以在这个时代，人们主要追求玫瑰的四季开花性和直立性。人们要求一些原本只在春天开花的品种要在一年里反复开花，但同时也相应丧失了部分抗病性、植株长势、耐寒性等特性。

## 追求"色彩"与"卷边高心"，但更加柔弱的现代月季

在这样的潮流之中，1867年诞生了现代月季的杰作，即大花直立型四季开花的‘法兰西’ A 。

'纯银'（Sterling Silver）

Bagatelle公园用无农药方法栽培的'摩纳哥公主'。公园的工作人员曾说："现在应该是处于过渡期，今后一定会迎来只有强壮的玫瑰才能存活下来的时代……"

在Bagatelle公园采用无农药栽培却旺盛开花的近于第0类的玫瑰品种'狮子玫瑰'（Lions Rose）。

在这之后人们的欲望也依然没有停止，当时虽然存在浅黄色的玫瑰，但还没有鲜艳的黄色品种，法国里昂的育种家Fabien Ducher用野生品种的变异种'波斯黄'**B**与古典玫瑰人工杂交而得到了艳黄色玫瑰的起点'黄金太阳'**C**。此后充分利用这个颜色而派生出了橙色、朱色、朱红色、鲑粉色、丝绒红等古典玫瑰和早期杂交茶香月季中所没有的各种花色。到20世纪50年代，诞生出淡紫色的'纯银'**D**，之后又出现茶色，也就是说玫瑰成了具备除黑色和蓝色外所有颜色的色彩丰富的花卉。

与此同时，人们又开始喜欢上了具有卷边且花心高的卷边高心花形（见119页）。如果你尝试育种则会发现，这种花形的育种非常难，需要反复进行近亲杂交而在花形上不懈追求才有可能实现。而这样的过程会使植株对黑斑病的抗病性非常弱。进而加入枝条柔弱的'波斯黄'的遗传基因后再一味追求卷边高心花形，导致丧失了遗传多样性，也使玫瑰植株越来越显纤弱。这就是20世纪玫瑰的历史。

## 以叶片强壮的新时代第0类为目标

在玫瑰品种越来越纤弱的发展大潮中，新的发展趋势也已经开始崭露头角了。从20世纪后半叶开始，以德国为中心开始追求耐寒性而使用野生品种或其自然杂交品种进行人工杂交。英国育种家大卫·奥斯汀将古典玫瑰的花形、芳香及株型等与现代月季花色的多样性、四季开花型结合在一起，创造出了新类型的英国月季。通过向丧失了遗传多样性的杂交茶香月季中加入远缘基因，使其逐渐恢复了抗病性和强劲的长势。

正如本书所介绍的，笔者按照栽培的难易性将玫瑰分为4个类型，具有野生风格的被分为第1类。而现在世界各地的育种家正在朝培育更强壮的玫瑰方向启航，就是像第1类那样易栽培，在无农药环境下叶子也不会生病，具备完美抗病性的玫瑰，我将这类玫瑰定义为第0类。当然这类玫瑰还应当具备四季开花性、直立性，有各种各样的花形、花色、芳香……所有之前追求过的优点。这种极富魅力又非常易栽培的第0类玫瑰在公元2000年以后逐渐涌现出来，催生这种优秀品种的环境已经开始形成了。

人们的意识也开始向这个方向转变。上图照片中为巴黎的Bagatelle公园。这里曾经是世界上率先举办品种玫瑰大赛的著名公园，但现在这里已经完全不喷洒药剂了。其中一些没有抗病性的玫瑰的叶子纷纷掉落，包括献给已故格蕾丝王妃的'摩纳哥公主'**E**也面临非常严峻的状态。但转头向另一个方向看过去，就发现在同样环境下完全不见病态而健康成长的新品种玫瑰们**F**！

人们之前可能是绕了很大的圈子，但现在终于要迎来可以简单养育，强壮又富于魅力的玫瑰品种的时代了。在不远的将来，基本不用打理的各种各样的第0类品种将会在世界范围出现。而我本人也要和世界各地的育种专家一起，顺应这种排山倒海的潮流，在这全新的育种事业中不断努力。

图1

# 玫瑰系谱与品种改良进程

对于本书中没有介绍到的品种，参考如下的图1和图2也可以大概找到相当于哪个类型。这里图1为玫瑰系谱图，图2为品种改良的进程与趋势图。

| 野生品种／早期古典玫瑰 |
| 杂交异味蔷薇 |
| 现代月季 |
| 未来的玫瑰 |

- 光叶野蔷薇
- 原生野蔷薇
- 麝香蔷薇
- 东方古老月季
  - 中国月季
  - 茶香月季
- 西方早期古典玫瑰
  - 高卢玫瑰
  - 阿尔巴玫瑰
  - 苔藓蔷薇
  - 百叶玫瑰
  - 大马士革玫瑰
- 诺伊赛特玫瑰
- 考究的茶香月季
- 波旁玫瑰
- 波特兰玫瑰
- 西方晚期古典玫瑰
- 杂交茶香月季
- 古典玫瑰
- 攀缘蔷薇
- 小姐妹月季
- 微型月季
- 杂交茶香月季
- 四季开花藤本月季
- 杂交麝香月季
- 第4类月季 日本独有的玫瑰
- 丰花月季
- 丰富的野生品种
- 灌木月季
- 第0类玫瑰

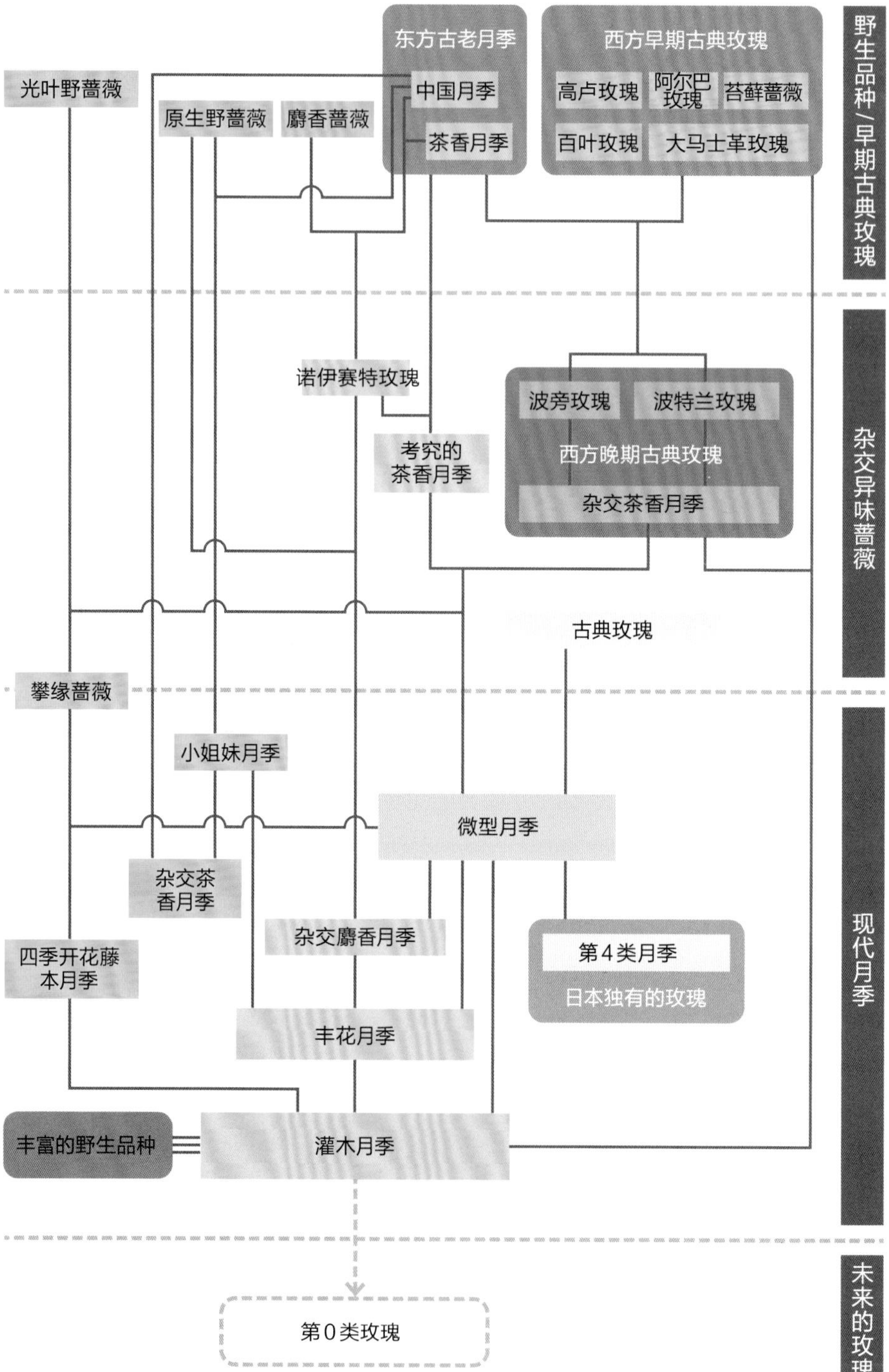

玫瑰系谱有很多复杂且不很明确的地方。这里为了将本书中提及的品种及4个类型梳理出来，进行了一定程度的省略。即使是1867年以后诞生的品种，只要是以古典玫瑰为基础创造出的人工杂交品种，本书中都将其分类为古典玫瑰一支。

图2

第0类 易于栽培

具备所有的玫瑰多样性，四季开花，可以在无农药的栽培环境下无病害，像庭院花木那样简单打理即可的玫瑰品种。

未来的第0类玫瑰

品种改良的进程

具野生特性而强健的玫瑰

第1类

西方早期古典玫瑰

高卢玫瑰

阿尔巴玫瑰

大马士革玫瑰

百叶玫瑰等

四季开花的东方古老月季

中国月季

茶香月季

品种改良的进程与趋势

杂交

易栽培受欢迎的玫瑰品种

第2类

西方晚期古典玫瑰

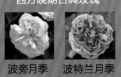
波旁月季

波特兰月季

诺伊赛特月季

杂交长青月季

【17世纪与现代的第2类的区别】虽然花形相近但花色的丰富程度有很大的不同

灌木月季及沿袭灌木月季一支的部分杂交茶香月季及丰花月季等

通过引入近于野生品种的基因而获得了复古的花形和丰富的花色及抗病性等强壮因子

第3类

1867年'法兰西'
西方古典玫瑰与东方古老月季结合成功诞生现代月季

1900年'黄金太阳'

标准玫瑰

【高心卷边的杂交茶香月季】虽然越来越柔弱但相应获得了高贵感和丰富的花色

第4类 难于栽培

梦幻精致玫瑰

在日本独自发展

1800年　1850年　1900年　1950年　2000年

# 玫瑰的芳香

玫瑰的芳香曾使埃及艳后和古代的王公贵族为之痴狂。

下面通过介绍育种过程来介绍玫瑰的芳香法则。

### 芳香比外观更受追捧的玫瑰

玫瑰在公元前受到尊崇的主要原因无疑是其芳香味道。其中最让人们神魂颠倒的当属大马士革玫瑰了。

玫瑰的芳香牢牢捕获了罗马帝国和埃及王公贵族们的心，据说当年玫瑰头油和玫瑰水非常受欢迎。而且从法国波旁王朝的肖像画中也可以对当时人们喜爱玫瑰的程度窥见一斑，玫瑰是与当年贵族的生活共存的。

这个时代的玫瑰是单季开花的，即使因病落叶也问题不大，植株还可以维持就好，芳香味道是最重要的欣赏因素。而这个时期对黑斑病的抗病性没有得到增强大概也就是这个原因了。如果玫瑰开始的时候是因为做树篱的特性而被人们关注，那大概不会发展成现在这个样子，其香气也不会如此浓郁了吧。

### 芳香气味是各种错综复杂的因素构建而成的艺术

我认为芳香味道是玫瑰育种过程中非常重要的一环，但不是最重要事项。之所以这样说是因为对于玫瑰来说，具有强烈芳香的同时抗病性会降低。也就是说香味与抗病性之间存在此消彼长的反向关系。我曾与一些国外的育种家讨论过这个问题，大家也多是同样的看法。当然，我们未来的育种也一定会朝着兼顾高抗病性和芳香气味的方向而不断努力。

这里想向大家介绍笔者在芳香气味方面的一些经验。通常除了香料香型外，芳香气味大多存在于花瓣之中。所以如果想要创出美好香气的玫瑰，则先需要找到具有可以蕴含很多香气花瓣的玫瑰品种。

具有玫瑰典型芳香的大马士革香型'梅朗爸爸'（Papa Meilland）。

近年来颇受欢迎的甜香类，水果香型'波列罗舞'。

这就像一碗汤中可以吸收很多汤汁的豆腐泡一样，这里要找到起豆腐泡作用的花瓣。也就是说，即使具有芳香味道的基因，如果花瓣不能很好地蕴含香味，培育出的玫瑰也无法发出香味而成为没有香味的玫瑰。在杂交时子本更容易继承母本的花瓣属性，所以这方面的决定性因素就是选择什么样的杂交母本了。

另外花瓣的性质与香型的种类也有相应的配合度上的区别。也就是说，相对于某种芳香味道来说，有易发生香味的种类，也有不易发生香味的种类。例如想让受光叶蔷薇系的基因影响的玫瑰带有大马士革香型的香气是非常难的。而且父本的隔代基因也会使香味的量和质发生改变。

综上所述，玫瑰的芳香气味可以说是由"香味基因""可以蕴含香味的花瓣""香味的种类"这3个方面相互作用而得以展现出来的一门艺术。

## 芳香气味与花期的相互影响及感知香味的方法

与此同时，能蕴含较多香味的花瓣通常单花花期较短，所以可以说单花花期与香味是一对相反的因素。

自然界中总是存在一些朴素的规律，玫瑰也不例外，我们无法轻易打破。但可以利用一些方法创造出给人错觉的效果来。

例如笔者育出的'雪拉莎德/天方夜谭'这个品种就是兼顾了香味和花期两方面的作品。这个品种虽然没有可以蕴含很多香味的花瓣，但由于其香味浓郁，所以即使少量开花也会让人印象非常深刻。因此，可以说让人印象深刻的因素不仅是香味的量，还与香味的质有着很大的关系。

最后来介绍享受芳香香气味的方法。香味状态最好的时段是晴天的早上，太阳升起而活力旺盛的上午时段。虽然各品种稍有差异，但通常为全开之前、开放七八成左右的程度时香气最盛。

本人喜欢闭上眼睛来体会玫瑰的芳香，这种状态下可以把什么都忘掉、视觉也屏蔽掉，全心感受玫瑰所酝酿出的芳香气息。可以说是忘却烦恼、转换心情的最幸福时刻。

综合了大马士革香型的奢华香气、茶香香型的清雅、水果香型的甘甜、香料香型的刺激，给人留下深刻印象的混合香型品种'雪拉莎德/天方夜谭'。

# 玫瑰的主要香味类型

**大马士革香型**
主要的玫瑰香料来源

**茶香香型**
类似打开红茶茶杯而飘出的高雅香气的味道

**水果香型**
类似水果成熟后的浓郁甜香味

**蓝色香型**
多为浅紫色玫瑰，清甜香味

**香料香型**
从花蕊传来的浓烈香味

**没药香型**
多为好恶分明的个性香味

**作者**

# 木村卓功（Takunori Kimura）

日本著名玫瑰育种专家。在日本埼玉县经营玫瑰珍稀品种专卖店，同时每年都培育出颇具魅力和个性的新品种。主要致力于在高温多湿的环境下茁壮成长，且在夏天也能开花的四季开花型玫瑰品种，如国内常见的出自木村先生的品种有'蓝色天空''心上人/我的心''雪拉莎德/天方夜谭'等。台湾总代理店：芳香玫瑰园。

**图书在版编目（CIP）数据**

人气玫瑰月季盆栽入门/（日）木村卓功著；陶旭译. —武汉：湖北科学技术出版社，2016.4（2020.7，重印）
ISBN 978-7-5352-8244-6

Ⅰ.①人… Ⅱ.①木…②陶… Ⅲ.①玫瑰花–盆栽–观赏园艺 Ⅳ.①S685.12

中国版本图书馆CIP数据核字（2015）第223908号

HACHI DE UTSUKUSHIKU SODATERU BARA by Takunori Kimura
Copyright © Takunori Kimura 2014
All rights reserved.
Original Japanese edition published by NHK Publishing, Inc.

This simplified Chinese language edition published by arrangement with
NHK Publishing, Inc., Tokyo in care of Tuttle-Mori Agency, Inc., Tokyo
through Beijing GW Culture Communications Co., Ltd., Beijing

责任编辑　唐　洁　张丽婷
封面设计　胡　博
出版发行　湖北科学技术出版社
地　　址　武汉市雄楚大街268号
　　　　　（湖北出版文化城B座13~14层）
邮　　编　430070
电　　话　027-87679468
网　　址　http://www.hbstp.com.cn
印　　刷　武汉市金港彩印有限公司
邮　　编　430023
开　　本　889×1092　1/16　8印张
字　　数　180千字
版　　次　2016年4月第1版
　　　　　2020年7月第6次印刷
定　　价　48.00元

（本书如有印装问题，可找本社市场部更换）